最新 日本式モノづくり工学入門

イノベーション創造型
VE/TRIZ

澤口 学 著
MANABU SAWAGUCHI

同友館

はじめに

　ハーバード大学のエズラ・F・ヴォーゲル教授が執筆した『Japan as No.1』が出版され、日本で一大ブームが起こったのは1979年である。私にはこのブームはついこの間のように思えるが、世代によっては随分昔の出来事に思うだろう。40代前半より若い世代だと、そもそも記憶にない可能性が高い。

　この本が発表された頃は、日本のモノづくり産業（敢えて"製造業"とはいわない）は、世界の中で、大きな輝きを放っていた。この起点となったのは、高度成長期（1955年〜1973年）であり、日本のモノづくり産業が、世界市場で「Made in USA」を凌駕し、「Made in Japan＝高品質でコストパフォーマンスが抜群」というブランド・イメージを確立させた時期に重なる。この間、日米貿易摩擦を乗り越え、日本の電化製品や自動車等が欧米先進国市場で大きくシュアを伸ばした。

　しかし、1990年代初頭のバブル経済の崩壊が大きなターニング・ポイントとなり、日本のモノづくり産業は、かつての米国の立場に置き換わり、活力のある新興工業国（特に韓国や台湾や最近では中国等）の台頭によって、近年は、かつての輝きが失われつつあると考える人々が多くなってきた。しかし私は、このような単純な日本のモノづくり産業の衰退論にはくみしない。むしろ、日本のモノづくり産業は、まだまだ大きな可能性を秘めた存在であると考えている。この辺の話は、第1章「日本のモノづくり産業の変遷と今後進むべき方向性〜近未来に訪れる新たなステージに向けて〜」の中で、時系列的視点から5段階に分けて、体系的に整理しているので、ぜひ最初に読んでもらい、日本のモノづくり産業の発展の歴史を大筋で理解していただきたいと思っている。

さらに、その後の第2章「日本のモノづくり産業の強みと弱み〜企業収益を上げるイノベーション活動とは〜」では、日本のモノづくり産業の強み（現場力を結集した既存製品・サービスの改善活動など）や弱み（新市場を創造するような新世代型製品・サービスの開発など）について、過去にリリースされた代表的な商品事例に触れながらイノベーションの視点から体系的に整理している。この章も含めた「第1部：日本企業が実践すべきイノベーション活動とその戦略」は、この本のタイトルにもなっている「最新・日本式モノづくり工学」を意識した内容になっているので、ぜひこの本を手にされた方は、最初に第1部を読んでいただき、日本のモノづくり産業の今後の進むべき"道筋"を理解してほしいと思っている。

「第2部：イノベーション創造活動で役立つ管理技術」は、第1部のマクロ的な観点から、日本のモノづくり産業の主な特徴を把握した後で、ぜひ学習してほしい内容である。

そのほうが第2部で扱っている管理技術を活用する意義や必要性への認識が、間違いなく高まるからである。というのも、従来の管理技術関連の本は、そのほとんどが本書で扱う第2部の内容からスタートしているため、取り上げる管理技術の手法論に終始するケースが多く、各々の管理技術が日本のモノづくり産業のどのような場面で役立つのかがあまり意識されない状態で活用される危険性があるからである。日本のモノづくり産業の立ち位置を意識しながら、常に問題状況に応じた管理技術を用いることが、より本質的な活用方法につながると確信している。

なお、第2部で扱う管理技術は、VE（価値工学）やTRIZ（革新的問題解決理論）であり、第3章「VE（価値工学）概論」、第4章「TRIZ（革新的問題解決理論）概論」と第5章「TRIZ手法」から構成される。すでにVEやTRIZを学習し、これらの管理技術の考え方や各手法に精通されている方（例えば、私が2002年に執筆した『VEとTRIZ』（同友館）の読者など）は、第1部の学習後に直接第3部に進まれても構わない。

しかし、本書の第3章では、単純に従来のVE概論に留まることなく、「VEP（VE Process）とデザイン思考（第4節参照）」との関わりにも踏み込んでいるので、VE既習者であっても、今までとは違った角度からVEの重要性を再認識するために、この部分だけでも熟読してほしい。

また第4章は、TRIZ既習者は省略しても構わないが、「TRIZの基本思考に関わる特徴（第3節参照）」の中で、TRIZのファンダメンタルな特徴を4項目ほど列挙し、各特徴の深掘りを試みているので、TRIZ既習者であっても、この部分だけはぜひ読んでいただきたい。また初学者の場合はすべての内容をもれなく学習することを勧める。

第5章は、第4章の内容（TRIZの基本思考の主な特徴）を踏まえ、多種多様なTRIZ手法をTRIZ基本編とTRIZ応用編に分けて、TRIZの各手法の具体的な使い方（使用目的含む）についてまとめたものである。なお、どの手法も、具体的な事例を用いて紹介しているので、実務的にもよく理解できる内容を心がけたつもりである。したがって、第5章もTRIZ初学者だけでなく、既習者もできれば読んでいただき、各々のTRIZ手法について、体系的かつ実践的に理解するようにしてほしい。

最後の「第3部：システマテック・イノベーションの具体的な展開方法」は、第2部で学習したVEやTRIZの各手法を統合化して、モノづくりに関わる実践活動でマニュアル的に活用してもらうことを意識して執筆した内容である。ここに書かれた内容を基本的に踏襲した実践活動ができれば、企業の組織力をベースにしたイノベーティブな製品が企画・開発できる（第6章参照）し、効果性の高い改善案の提案の可能性も高まる（第7章参照）と私は考えている。この辺を意識した結果が第3部のタイトルにつながっている。

特に第6章「イノベーション創造型VE/TRIZ」は、第1部との絡みでいえば、日本のモノづくり産業が苦手としている革新的イノベーションを実際に展開するためのJob Plan（10STEPから構成）を、New 0 Look VE（次世代製品企画VE）と称して、まとめた内容になっている。具体的には

STEPごとに実施すべき事柄を整理しており、STEPによってはマーケティング手法（SWOT分析や価値相関図など）なども取り入れている。

さらに、第7章「合理的な原価低減型VE/TRIZ」では、日本のモノづくり産業が従来から得意とする改善活動に焦点を当てている。第6章と同様に、改善活動を実施するためのJob Planを用意しており、本書ではNew 2nd Look VE（ニュー製品改善VE）と称し、特に、製品の再設計活動に焦点をあて、合理的な原価低減活動に特化した内容になっている。

なお、いずれの章も最後のほうでケース事例を紹介し、このような活動に関わるメンバー間に、各STEPで生じるアウトプットイメージに齟齬が生じないような配慮をしている。他の代表的な管理技術（IEやQC）の手法までは本書では取り上げてはいないが、第1部の第1章の日本のモノづくり産業の変遷の中ではIEやQCの管理技術としての特徴には触れているので、VEやTRIZとIEやQCの管理技術としての思考法の違いは理解できたことと思う。

第3部をまとめるにあたっては、早稲田大学創造理工学研究科経営デザイン専攻の修士学生対象のPBL（Project Based Learning）型授業（技術応用事業デザインや商品企画マネジメント）での演習指導から執筆上のヒントが得られたケースもあったことを一言記しておきたい。さらに、私が今までに関わった多くの企業での経営コンサルティング体験が、本書を執筆するうえで大いに役立ったことは間違いない。

したがって、本書の読者層として、企業の商品企画・開発部門の担当者や管理者はもちろんのこと、会社の経営者にもぜひ読んでもらいたいと思っている。特に会社経営者の方には第1部をぜひ読んでもらったうえで、自社の進むべき方向性を検証していただきたいと思っている。また、前述した内容に関わるが、大学・大学院の商品企画・開発に関わるPBL型授業にも役立つ内容になっているので、ぜひ関係する学生や教員の方にも読んでいただければ光栄である。

最後に、この本を執筆するにあたり、当初の予定から大幅に原稿提出が遅れたにも関わらず、じっと原稿の完成を見守っていただいた株式会社同友館の鈴木良二取締役や、VE/TRIZに関するセミナーの企画と実践の場を与えていただいた公益社団法人日本VE協会の宮本事務局長や小野玲子さんには、この場をかりて深く感謝するものである。

2015年2月24日

澤口　学

目　次

【第1部】日本企業が実践すべきイノベーション活動とその戦略

第1章　日本のモノづくり産業の変遷と
　　　　今後進むべき方向性
　　　　〜近未来に訪れる新たなステージに向けて〜

1 | 戦後の復興期の日本のモノづくり産業 ……………………… 3
　　〜IE、QC誕生の背景と日米の生産管理体制の違い〜

（1）　日本における近代産業の成立と"製造作業の標準化"　3
（2）　IEとQCの普及　4
（3）　IE、QC誕生の背景――モノづくり産業の発展とその本質　5
（4）　戦中戦後の日米における生産体制・品質管理の違い　6

2 | 高度成長期の日本のモノづくり産業 ……………………… 8
　　〜IE、QCの定着化と日本ブランドの躍進〜

（1）　TQC活動とメード・イン・ジャパンのブランド化　8
（2）　世界にインパクトを与えた日本のモノづくり産業の成功　9

3 | 安定成長期の日本のモノづくり産業 ……………………… 10
　　〜VEの導入による効果的な原価低減活動〜

（1）　円高ドル安基調への対応　10
（2）　VEの誕生と日本での導入　11

4 │ バブル経済崩壊後の日本のモノづくり産業 ……………13
~成熟した生活者優先社会の到来と企業が担う役割~

（1） 失われた20年　13
（2） 生活者優先社会における企業の役割　14

5 │ 今後の日本企業のモノづくりアプローチ ……………15
~未来志向能力に基づいたイノベーション力の育成~

（1） 5つの顧客満足要素　15
（2） フロントランナー戦略によるモジュラー化への対応　17
（3） 潜在的要求機能の把握による次世代製品の創造　21

第2章　日本のモノづくり産業の強みと弱み
~企業収益を上げるイノベーション活動とは~

1 │ イノベーションの定義 ……………………………………26
~イノベーション活動の最終成果は企業収益である~

（1） イノベーションを定義する5つのキーワード　26
（2） イノベーションと企業収益の関係　28

2 │ イノベーションのパターン分類 ………………………28

（1） イノベーションの4パターン　28
（2） 全社一丸となった偏りのないイノベーション活動　31
（3） ラディカル型とグラスルーツ型　33

3 │ ラディカル型イノベーションの重要性 ………………35

（1） グラスルーツ型イノベーションに見る日本の強み　35

（2） ラディカル型イノベーションの創出は日本企業の弱点か？　41

【第2部】イノベーション創造活動で役立つ管理技術

第3章　VE（価値工学）概論

1 │ VE 誕生の背景とその基本思想 ……………………… 48
～設計タイプの問題解決に有効な管理技術～

（1）　日常業務から誕生した管理技術　48
（2）　VE 誕生の背景──軍需から民需への切り替え　49
（3）　アスベストの出来事から学ぶ VE の基本思想　50
（4）　機能的アプローチに基づく VE　51

2 │ VE の定義　～VE という管理技術の体系的理解のために～ ……… 54

（1）　最低のライフサイクルコスト──顧客本位の経済センス　55
（2）　必要な機能を確実に達成する──顧客本位の技術センス　56
（3）　製品やサービス──多岐にわたる VE の適用対象　61
（4）　機能的研究──VE の実践的な問題解決プロセス　61
（5）　組織的努力──TFP 活動の実践　63
（6）　VE の定義のまとめ　64

3 │ VE における "価値" とは ……………………………… 64
～価値の概念式と代表的な 5 つの概念～

（1）　価値の概念式　64
（2）　使用価値と貴重価値　65

4 VEPとデザイン思考……………………………………67
（1）開発・設計活動とデザイン・レビュー　67
（2）開発・設計活動と適用段階別のVE活動　70
（3）VEPの背景にあるデザイン思考　71

第4章　TRIZ（革新的問題解決理論）概論

1 旧ソ連で生まれた革新的問題解決理論〜TRIZ…………76

2 TRIZ誕生の背景とその基本思考……………………77
〜技術問題に関わる革新的な解決案を導くための手法〜
（1）国家による警戒と研究者からの支持　77
（2）TRIZの問題解決アプローチの特徴　79

3 TRIZの基本思考に関わる特徴………………………80
（1）革新的問題の定義　82
（2）問題解決の革新の意味とその革新度　82
（3）革新的問題の繰り返し性　85
（4）技術システム進化のパターン　85

第5章　TRIZ手法

1 TRIZ基本編　〜主なクラシカルTRIZ手法〜……………92
（1）技術的矛盾の解決アプローチ

ix

　　　　　──技術矛盾マトリックスと40の発明原理　　93
　（2）物理的矛盾の解決アプローチ──分離の法則　　96
　（3）物質－場分析モデルと76の標準解　　98
　（4）イフェクツ（Effects）　102
　（5）技術システム進化のパターン（初期版）　　103

2 │ TRIZ応用編 ……………………………………………… 115

　（1）原価低減用簡易版矛盾マトリックス　　116
　（2）マルチスクリーン法　　122
　（3）技術進化のポテンシャルレーダーチャート　　126

【第3部】システマテック・イノベーションの具体的な展開方法

第6章　イノベーション創造型VE/TRIZ
　～New 0 Look VE（次世代製品企画VE）の展開～

1 │ イノベーション創造型VE/TRIZの特徴 …………… 130
　～シナリオライティング法～

2 │ 次世代製品の未来シナリオ立案のジョブプラン ……… 132
　～基本プロセスと作業フロー～

3 │ Phase 1：外部＆自社（内部）環境分析 …………… 134

　（1）STEP 1：SWOT分析（タスク①）　　135
　（2）STEP 2：5C分析（タスク②）　　135

（3） STEP 3：SWOT マトリックスの洗練化（タスク③）　136

4 | Phase 2：未来ビジョンの基本設計 ……………137
（1） STEP 4：強みを活かした市場機会の創造（タスク④の前半）　138
（2） STEP 5：弱みを打ち消す脅威回避の検討（タスク④の後半）　138

5 | Phase 3：未来シナリオ基本構想 ………………139
（1） STEP 6：未来シナリオに反映させるアイデア抽出（タスク⑤）　139
（2） STEP 7：マルチスクリーンマトリックス作成（タスク⑥）　140

6 | Phase 4：次世代製品未来シナリオへの洗練化………141
（1） STEP 8：価値相関図の作成（タスク⑦）　142
（2） STEP 9：次世代商品の基本シナリオ作成（タスク⑧）
　　　　　──次世代商品（製品）の未来シナリオ作成シートの活用　144
（3） STEP 10：次世代商品の基本シナリオの図解化（タスク⑨）
　　　　　──未来シナリオの図解化手法　145

7 | ケース事例　〜鼻毛シェーバー〜 ……………………146
（1） Phase 1 & 2：外部＆自社（内部）環境分析と
　　　　　未来ビジョンの基本設計の具体例　147
（2） Phase 3：未来シナリオ基本構想
　　　　　──マルチスクリーン法による体系化の具体例　147
（3） Phase 4：次世代製品未来シナリオへの洗練化　147

第 7 章　合理的な原価低減型 VE/TRIZ
　　　　～New 2nd Look VE（ニュー製品改善 VE）の展開～

1 合理的な原価低減型 VE/TRIZ の特徴 ················· 152
　（1）　Kaizen 戦略の核　　152
　（2）　従来の手法を超える原価低減の実現　　153

2 New 2nd Look VE(ニュー製品改善 VE)のジョブプラン ··· 153

3 原価低減用簡易版矛盾マトリックスを活用した具体化段階 ··· 156

4 ケース事例　　～某装置治具の改善案～ ·················· 157
　（1）　STEP 1：対象製品の機能系統図の把握　　158
　（2）　STEP 2：原価低減余地の高い機能の確認　　159
　（3）　STEP 3：二律背反問題への変換　　159
　（4）　STEP 4：RCM1（CR）によるアイデア発想　　161

【付録】　オリジナル版技術矛盾マトリックス　　164
参考文献　　166

第1章

日本のモノづくり産業の変遷と今後進むべき方向性
～ 近未来に訪れる新たなステージに向けて ～

戦後、わが国の企業（主に輸出型製造業）は、高度成長期を通して大きく発展し、多くの人々に価値の高い商品（製品やサービス）[1]を提供して顧客の利便性を高めることで、日本全体を豊かで信頼性の高い社会に高める役割を担ってきた。しかし、その一方で、高度成長期以降は、モノ（主に耐久消費財的な商品）に対する人々の要求もほぼ満たされたため、単に、高品質の商品を適正価格で提供するだけの従来型アプローチでは、顧客に受け入れられなくなっている。

　この現象は、国内市場はもとより、海外市場においてさらに顕著なものとなっている。その背景には、韓国、台湾、中国等の新興国の追い上げによって、多くの家電製品やIT系機器（パソコン、タブレットPC、スマートフォン等）の分野における日本製製品の絶対的な優位が揺らいでいる事実がある。多くのIT系機器や家電製品の製造工程において、主要部品間の調整や複雑な加工が不要なモジュラー化が進み、製品品質のつくり込みが容易になったため、相対的に、新興国で製造した製品の価格優位性が顕著になり、日本製品の高品質の訴求力が失われてきたのである。

　このような現象は1990年代（バブル景気崩壊後）以降、特に目立っている。この流れを当時の代表的な製品で示すと、**図表 1-1** のようになる。

　日本のモノづくり産業[2]の変遷を論じるにあたって、大きく、次の4段階に区分するのが有効であろう。①戦後の復興期、②高度成長期、③安定成長期、そして、バブル経済が崩壊した1990年代初頭から現在に至る、④バブル経済崩壊後の経済停滞期（2015年1月現在、アベノミクス効果で低迷期

---

1) 「商品」と「製品」の呼称について、本書では次のように区別している。顧客や販売市場を意識した状態では、「商品（製品やサービス）」と記載する。モノづくり産業（主に製造業だが、サービス産業も含む場合あり）の立場で論じる場合は、「製品（あるいはサービスも含む）」という表現を主に用いる。
2) 主に製造業の生産活動（広義）を示したものであるが、製造業的な改善力・現場力を取り入れたサービス業も含めた概念とする。"広義のモノづくり"と表現する場合もある。

図表 1-1　主な日本製製品（貿易財製品）の世界に占めるシェアの変遷

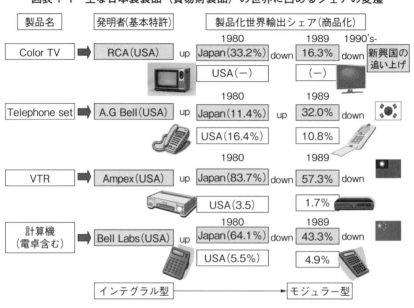

を脱したという判断はまだ微妙）である。

　本章では、それぞれの段階について、IE（Industrial Engineering）、QC（Quality Control）、VE（Value Engineering）などの米国で誕生した代表的な管理技術と絡めながら、日本のモノづくり産業の特徴について時系列的に整理していく。そして、その内容を踏まえたうえで、今後 10 年程度の近未来に訪れるであろう新たなステージ（第 5 段階）に向けた、めざすべき方向性について述べることにする。

1　戦後の復興期の日本のモノづくり産業
〜IE、QC 誕生の背景と日米の生産管理体制の違い〜

（1）　日本における近代産業の成立と"製造作業の標準化"

1945 年の第 2 次世界大戦終了後から、戦後の復興を成し遂げた 1950 年代

前半（昭和29年頃）までを戦後の復興期と位置づける。ここではまず、それ以前の日本のモノづくり産業とIEの関係について概観してみよう。

　日本では、明治維新以降、明治新政府の富国強兵・殖産興業政策のもとで欧米の技術を導入して、兵器廠、造船所、鉱山、紡績などの工場が興り、鉄道の敷設も進んでいるので、日本のモノづくり産業自体は20世紀初頭から近代産業として成立している。このような時代背景もあって、フレデリック・テーラーの「科学的管理法の原理」（1911年米国で発表）は意外にも早く、テーラーの晩年、1914年（大正3年）頃には日本に紹介されている。したがって、「科学的管理法に端を発するIE」は、今からほぼ1世紀前には、日本に紹介されていたことになる。つまり、IEの原点である"製造作業の標準化"は、前述した国家の殖産興業分野では、大正時代から導入された実績がある。

　最も有名なものは、上野陽一（産業能率大学の創立者で日本最初の経営コンサルタント）が指導した、1920年（大正9年）のライオン歯磨きの厩橋工場での「粉歯磨き製造作業の改善」や1921年（大正10年）の福助足袋での「足袋製造作業の改善」であり、ここではIE理論（主に作業標準による製造工程の改善など）を実践で活用し成功させている。

　しかし、IEはその後、第2次世界大戦の激化に伴って普及が停滞したうえに、戦前の段階では前述したような一部の企業が導入するに留まり、当時の中小企業にまで広く浸透したとは決していえない。結局、IEが日本のモノづくり産業に広く普及するには、戦後一定期間の猶予が必要だったと見るのが妥当である。

（2）　IEとQCの普及

　戦後のIE手法による製造作業の標準化は、GHQのCCS（総司令部民間通信局）主催の「IM（インダストリアル・マネジメント＝広義のIE）トップセミナー」によって、日本企業の経営者は改めてIEの必要性を認識させ

られ、これを契機にして、全国的にIEは広まっていった。

しかし、実際にIEマインドが企業の現場に本格的に浸透するには一定の時間がかかるため、この時代はまだまだ日本のモノづくり産業の現場力は脆弱なものだったといえよう。この時代は、日本の伝統的なモノづくりの思考として、一品一品丁寧につくり上げるといった「品質本位」の概念は、職人の領域（例えば、伝統工芸や宮大工等の世界）では当然継承されていたはずであるが、大量生産を前提にしたモノづくり産業の現場における、IE的な科学的アプローチは導入途上だったのである。

同じ頃、CCSが主催する日本の企業経営者向けセミナーの中で、IEだけではなく、SQC（Statistical Quality Control：統計的品質管理）も紹介されている。これは、日本の産業復興には、IEだけではなくSQCも必要であると判断したからにほかならない。

（3） IE、QC誕生の背景――モノづくり産業の発展とその本質

QC（品質管理）が誕生したのは、ウォルター・シュハートが管理図を発表した1924年に端を発しており、IEが誕生して十数年後のことである。もちろん、戦前・戦中・戦後を通して、日本でQCの存在を知っていた企業はほとんどなく、ごく一部の日本人（一部の大学の研究者や戦時中の一部の軍事工場でのSQCの実験的な導入に関わった関係者など）に限られていたという。

実は、IEの誕生からQCが誕生するまでの十数年の間に、モノづくりの現場がどのように変化していったかを時系列に見ていくことで、モノづくり産業の発展経緯の本質を見てとることができる。

モノづくり産業の原点は、洋の東西を問わず、家内工業的であり、職人的アプローチで一品一品丁寧につくり上げるといった、「品質本位」の考え方が主流だった。その後、工業化（産業革命）によって大量生産が可能になると、IE的アプローチによる製造作業の標準化が推進され、大量ロットの製

品を能率よく製造する工程が実現した。まさに、この段階が現在のモノづくり産業の出発点である。

だが、このような能率的な製造工程を実現した生産現場では、新たな課題が生じた。「大量ロットの製品は、生産ロット数に比例して製品品質のバラツキも大きい」という現象に直面したのである。これは当然のことで、いくら製造工程の標準化を進めても、「人の習熟度や材料の優劣、さらに設備の経年劣化等」の要因によって、製造製品の品質にバラツキが生じるのは自明の理だからである。このようなモノづくり産業の必然的な発展経緯の中で、統計学者のシュハートが管理図を発表した。

管理図とは、過去の製造工程の実績データを利用して、製品精度のバラツキなどが将来どのように変化していくかを予想するもので、「最初からよいモノ＝品質のよいモノ」を製造できるようにしようとする考え方が根底にある。つまり、管理図を発端にして、製造品質を管理していくというQCが誕生したのである。

（4） 戦中戦後の日米における生産体制・品質管理の違い

IEもQCも、いずれも米国で、生産現場の必要に応じて誕生した管理技術である。このような背景から1920年代以降、米国のモノづくり産業にはかなりの程度SQCの概念が浸透し、科学的に品質を管理していくという画期的な考え方が徹底されていった。このSQCのマインドは、米国の軍事産業では当然のごとく導入された。当時の米国の陸海軍の圧倒的な物量上の優位性は、品質管理に裏打ちされていたことがわかる。

一方、日本の軍事産業は、零式艦上戦闘機（通称、ゼロ戦）や戦艦大和を開発するだけの優れた固有技術を育んでいたことは間違いないが、IEやQC等の管理技術に裏づけられた科学的な製造方法が確立されていなかったことは明らかである。

このような背景から第2次世界大戦後の日本は、職人の世界の「品質本

位」の精神は継続できても、「作業の標準化」や「品質の管理」といった、大量生産を前提にした科学的アプローチをすぐに修得できる状態ではなかったのである。もちろん、敗戦のマイナス状態というハンディもあったとは思う。しかし、それ以上に、QCはもとより、IE的なアプローチでさえ、戦前の日本のモノづくり産業にとってなじみのないものであったことが、その大きな要因であったといえよう。

戦後の復興期のしばらくの間、欧米の消費者からは、日本の工業製品は「安かろう、悪かろう」のイメージで見られていた。この事実は今から半世紀以上前の話であるが、つい最近と見るか、かなり大昔の話と見るかは、世代によってずいぶん違うはずである。

戦後の復興期の日米のモノづくり産業の違いをイメージ的に整理したものが、図表1-2である。左側が伝統的な日本のモノづくり産業のイメージであり、右側が米国の近代化したモノづくり産業のイメージである。

図表1-2　品質本位と品質管理の考え方

"品質本位"とは： （伝統的なモノづくりの思考）	→	"品質管理"とは： （科学的なモノづくりの思考）
個々の製品の品質（良品か不良品か）を問題にしており、一品一品丁寧にモノづくりに集中するという姿勢である。 例えば、職人の世界〜匠（タクミ）の仕事（伝統工芸品、宮大工など）		個々の製品の品質を作る工程を問題にしており、この工程を管理していくという原則を貫いた考え方がベースになっている。工業社会になり、製品の大量生産時代に必須の思考である。 例えば、製造業の世界〜工場の労働者の仕事（自動車の大量製造、家電製品の大量製造など）

2 高度成長期の日本のモノづくり産業
~IE、QCの定着化と日本ブランドの躍進~

（1） TQC活動とメード・イン・ジャパンのブランド化

　戦後の復興期を乗り越えた日本は、高度成長期へと入っていく。特に、1955年（昭和30年）から1973年（昭和48年）に至る19年間は、年平均10％以上の経済成長を達成した。この時期を「日本の高度経済成長期」という。この間、1964年の東京オリンピックや1970年に開催を控えた大阪万博による特需もあり、1968年には国民総生産（GNP）が、当時の西ドイツを抜き第2位となった。この時代に、東海道新幹線や東名高速道路といった大都市間の高速交通網が整備されていった。

　19年に及ぶ高度経済成長期は、「固定相場制による1ドル＝360円[3]の超円安の恩恵」や「安くて良質な労務力[4]」を追い風にして、日本のモノづくり産業も飛躍した時期である。具体的には、輸出型製造業を中心に、欧米に対して安くて品質のよい工業製品（特に家電製品や自動車など）を大量に製造・輸出することで、貿易摩擦を起こしつつも、総じて世界における日本製品のイメージを「安くて高品質＝メード・イン・ジャパン」へと劇的に変化させ、メード・イン・ジャパン自体をブランド化させることに成功している。

　これを可能にした要因として、日本のモノづくり産業（特に輸出型製造業）がQC（特にQC7つ道具）を完全にマスターしたうえで、IEも含めたQC活動を日本独自の企業文化にまで高めていったことがあげられる。具体的には、QC活動が製造工程のSQCに留まらず、「TQC活動（総合的品質

---

[3] 日本はブレトンウッズ体制のもとで、1949年4月から1ドル＝360円を採用し、1971年8月まで、この360円固定レートの相場は続いた。
[4] 1960年代を全盛期に、1954年から1975年にかけて、主に地方の農家の次男以降の子どもが中学や高校を卒業後、首都圏を中心に日本の都市部に働きに出る「集団就職」が行われ、都市部に若手中心の労務力が豊富に流入した。

管理活動）」と呼称される全社的な品質管理活動に進化していった点があげられる。この TQC 活動は当時、社員たちの自主的な勤務時間外活動（いわゆるアフターファイブ）として行われることも多かったので、QC サークルや小集団活動とも呼ばれ、「日本のモノづくり産業の 1 つの特徴であるボトムアップ的な広がり」が見られた。

（2） 世界にインパクトを与えた日本のモノづくり産業の成功

当時、TQC 活動の推進の結果、デミング賞[5]を獲得する企業も多かった。このような広がりは、IE や QC の発祥の地である米国や欧州には見られなかった現象である。さらに、このような管理技術の考え方（IE や QC）は、日本人のモノづくりのメンタリティともいえる「品質へのこだわり」と共鳴し、カンバン方式で有名なトヨタ式生産システムの誕生にもつながった。日本が生み出した改善活動はその後、「Kaizen Activity」として世界的な広がりを見せた。つまり、この時代の日本のモノづくり産業の成功のインパクトは、世界的規模だったということである。

したがって、当時、日本の国内市場にも「三種の神器（白黒テレビ、冷蔵庫、洗濯機）[6]」や「3 C（カー、クーラー、カラーテレビ）[7]」に代表されるような、性能のよい国産製品が手頃な値段で数多く登場するようになり、日本人の生活レベルも物質的に欧米なみになっていったのも当然の結果といえる。

---

5) TQC（総合的品質管理。1996 年から TQM に名称変更）の発展に功績のあった民間の団体および個人に授与される賞である。日本科学技術連盟により運営されるデミング賞委員会が選考を行っている。アメリカの品質管理の専門家である W. エドワーズ・デミングからの寄付を契機として設立されたものである。
6) 白黒テレビ、洗濯機、冷蔵庫の家電 3 品種のことで、1960 年前後から日本の一般家庭でも、この電化製品（国産）が手に入る時代になった。
7) 1960 年代中盤以降は、カラーテレビ、自動車、クーラーが新・三種の神器として喧伝された。

図表1-3　SQCからTQCへ展開する日本のモノづくり産業

SQCからTQC（総合的品質管理）へ

↓

現場のQCサークルを中心とした「全員参加型」の活動

↓

現場の監督者と作業担当者が品質管理について意識を高め、具体的な活動のアイデアを出し合う小集団のこと

 日本の独自の企業文化に進化

↓

1962年：雑誌『現場とQC』が創刊、日本科学技術連盟（日科技連）内「QCサークル本部」

同連盟会長名で企業・個人を表彰する「デミング賞」の設置：TQCの普及・推進を目的とした制度である。

　当時は、「工業化社会」ともいわれた時代であり、基本的には、日本の製造業の固有技術の発展と同時に製造現場の改善活動も洗練化し、高品質の製品を量産効果による低価格で消費者に提供できた時代だったのである。高度経済成長期の日本のモノづくり産業のイメージを整理したものが、図表1-3である。

3　安定成長期の日本のモノづくり産業
〜VEの導入による効果的な原価低減活動〜

（1）　円高ドル安基調への対応

　第1次オイルショック後の1973年（昭和48年）の終わりから、バブル崩壊の1991年（平成3年）初頭までが、「安定成長期（広義）」である。この期間の経済成長率は、概ね5％前後で推移している。なお、1986年の終わりから1991年初頭までが「バブル期（バブル経済期）」であり、この時期も

含めて安定成長期という。

この時期の日本は、原油価格の高騰（第1次オイルショック）をきっかけに、モノづくり産業が中心になって、省エネルギー化の努力や経営の合理化を果敢に進め、先進国の中でもきわめて早い段階でオイルショックからの脱却を図り、バブル崩壊に至るまでの間は、比較的安定的な成長を達成した。

安定成長が達成できた大きな要因として、特に前半期（バブル前）に、輸出型製造業を中心にした日本のモノづくり産業が、変動相場制のもとで長期的に円高ドル安基調が継続する中、製品の高品質化と大幅な原価低減（CR：コストリダクション）の両立をめざし、達成できたことがあげられる。当時の原価低減（CR）活動の大きな特徴は、高度成長期型の IE や QC をベースにした現場改善による量産効果や、品質管理の徹底による歩留りアップだけでは限界があったため、製造部門だけではなく、設計技術部門も巻き込んで、製品設計段階からの総合的な原価低減（TCR）活動を推進したことである。

このような原価低減活動を推進した背景には、当時のコストアップ要因が単に為替上の要因（円高ドル安基調）だけに留まらず、日本が「先進国首脳会議[8]のメンバー入り」をしていたことからもわかるように、労務費が欧米なみに高くなっていたこと、さらに、国内市場も成熟化して、単純な売上増による利益確保が期待できなくなったことが絡んでいる。

この辺りの状況を整理したものが、**図表 1-4** である。

（2） VE の誕生と日本での導入

このような状況の中で、オイルショック後に注目されてきた管理技術が VE（Value Engineering：価値工学）である。この VE は 1947 年に GE 社

---

[8] 第1回は、1975 年 11 月 15～17 日まで、フランスのランブイエで開催された先進国首脳会議である。当時の参加国は仏、英、西独（当時）、日、米の5カ国でG5と呼ばれた。1976 年～1997 年は、伊、加を加えてG7となった。それ以降は露が加わって主要国首脳会議（G8）となった。

図表1-4　総合的原価低減活動の必要性

```
1960年代（高度成長期）
固定相場制：1ドル＝360円
日本の輸出企業
自動車米国へ輸出すると
2万ドルの自動車＝720万円の売上
日本人の給料も安い
製造原価が安くすむ
∴十分な利益がでる
```

```
1980年代（安定成長期）
変動相場制：1ドル＝210円（1980年第2四半期）
日本の輸出企業
自動車米国へ輸出すると
2万ドルの自動車＝420万円の売上
日本人の給料も上昇
製造原価が高くなる
∴十分な利益がでない
```

高品質を維持しつつ、"円高ドル安"に対処して、製品の原価低減（コストリダクション：CR）の必要性も高まる！

市場が成熟化しても、利益の確保ができるように、モノづくり産業における総合的原価低減活動が極めて重要になる

（General Electric 社：米国最大の電機メーカー）で誕生した管理技術であり、当時のGE社の購買課長であったローレンス・マイルズによって体系化されている。IEやQCが主に製品の製造段階での問題解決を担う管理技術であるのに対して、VEは製品の機能に着目する管理技術である。その手法上の特徴から、当初は購買手法として誕生したVEはその後、製品設計段階の合理的な原価低減手法として発展していった。

　VE手法は、1960年頃（昭和35年頃）には日本に紹介され、日本VE協会が1965年（昭和40年）に設立されている。しかし、上述した手法上の特徴から、本格的に日本でVEの導入が進んだのは、原価低減が切実な問題となったオイルショック後の1973年（昭和48年）以降である。当初は、輸出型製造業を中心に原価低減活動に有効な手法として活用され、その後（特に、次項で詳細に触れるバブル経済崩壊後）は、公共工事でも原価低減活動の重要性が認識されるようになってきたことで、建設業界でもVEの導入が進ん

だ。現在では、VE は日本のモノづくり産業の中で、IE や QC に並んで導入が進んだ管理技術になっている。

　この期間は、VE 手法による原価低減活動が活発に行われたわけだが、安定成長期後期のバブル経済期（1986 年末～1991 年初頭頃）に入ると、これと逆行するような動きも見られるようになった。市場に十分すぎるほどのモノ（主に耐久消費財）が供給され、多くの市場が飽和状態になったこと、それと、バブル経済期の浮かれた世相を反映して、一部の企業が開発した商品の中には、顧客志向からずれて、「過剰品質、過剰多機能化、デザイン偏重の商品」に陥ったものが登場している。

4 バブル経済崩壊後の日本のモノづくり産業
～成熟した生活者優先社会の到来と企業が担う役割～

（1）失われた 20 年

　この期間は、1991 年（平成 3 年）のバブル経済崩壊後以降の「経済状況の停滞期」という意味で、「失われた 20 年（1991～2012 年）」と呼ばれることが多い。

　ところで、この期間中、「いざなみ景気」と呼ばれる好景気期間（2002 年 2 月～2008 年 2 月）があり、当初は、「失われた 10 年（1991～2000 年代初頭）」と呼ばれていたはずである。なぜ、失われた期間が 2 倍の長さに伸びてしまったのだろうか。

　その理由は、失われた 10 年の後、つまり、いざなみ景気のさなか、米国のサブプライムローン問題[9]の顕在化を発端とする、世界金融危機の影響を日本が受けてしまったからである。世界同時不況は、経済成長率が約 2 % と

9）米国の住宅バブルとそれに便乗した金融手法のサブプライムローン、およびその証券化がきっかけになって発生した米国の不動産バブルの崩壊とそれ以降の世界金融危機のことである。2007 年 8 月には、日経平均を含む世界の株式市場で株が暴落する世界同時株安（サブプライムショック）が起こった。2008 年 9 月に起こったリーマンショックの原因になったともいわれている。

小さかったいざなみ景気をその記憶もろともに吹き飛ばしてしまったかのようなインパクトを与え、それ以降、日本はデフレ経済に陥ってしまった。そのため、日本では、バブル経済の崩壊以降、経済の長期低迷から脱出できなかったという認識が強くなり、全体的な印象として、「"失われた20年"と呼ばれる"停滞時代"」という見方が大勢となった。この期間は、日本のモノづくり産業にとって非常に厳しい環境であった。

（2） 生活者優先社会における企業の役割

　厳しいのは、経済環境だけではない。すでに、多くの顧客が、単に品質がよくて安いだけでは満足しなくなっていた。そのため、企業は顧客にとって付加価値の高い製品とは何かを常に貪欲に追求していかないと、市場では受け入れてもらえない時代になっていた。つまり、「顧客＝生活者」の目線で製品を開発しなければならない、「生活者優先社会」が到来したのである。

　これに対する企業の具体的な取組みとして、生活者が尊重する「環境に配慮したモノづくり」や「循環型社会を意識した3R活動の推進」(**図表1-5**参照) などがあげられる。さらに、1995年7月にPL（製造物責任）法[10]が制定され、ISO（国際標準化機構）による品質マネジメントシステムや環境マネジメントシステムに関する国際規格のISO9000やISO14000の修得は、今や大企業のみならず、中小企業にとっても必須になっている。

　さらに、最近は、韓国・台湾・中国に限らず、東南アジアなどに進出する日本企業も増えているため、国内環境とは大きく異なった環境下で、スムーズに企業活動を遂行する能力や、ITの進展による新たな利便性の確保と同時に情報漏洩問題等のITリスクにも備える能力が求められる時代になって

---

10) 製造物の欠陥により損害が生じた場合の製造業者等の損害賠償責任について定めた法規のことである。この法律によって、製造者の過失を要件とせず、製造物に欠陥があったことを要件とすることで、損害賠償責任を追及しやすくしたことが最大の特徴である。

図表 1-5　3R 活動の推進

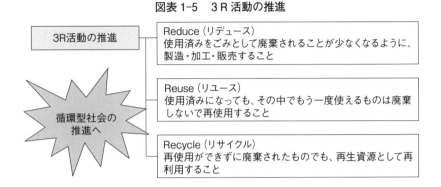

いる。このような背景から、昨今の企業ではリスクマネジメント活動も欠かせない項目になっているし、その一環として、「CSR（企業の社会責任）経営[11]」の姿勢も問われる時代になっている。

5　今後の日本企業のモノづくりアプローチ
〜未来志向能力に基づいたイノベーション力の育成〜

（1）　5つの顧客満足要素

①　時代を表すキーワード

これまで述べてきた日本のモノづくり産業の特徴を、戦後の復興期以降の「高度成長期」「安定成長期」「バブル経済崩壊後から現在」の3段階に対応させて論じると、どのようなキーワードが表出されるだろうか。

高度成長期は、日本のモノづくり産業の製造現場力が飛躍的に高まった時代なので、「現場重視のエンジニア」が最も求められた時代といえる。

安定成長期は、市場での価格競争に打ち勝ち、円高ドル安にも対処できる

---

[11] CSRとは、Corporate Social Responsibility の略称であり、CSR経営とは、企業の社会的責任を伴った経営という意味になる。具体的には、企業は利益を単に追求するだけでなく、組織活動が社会へ与える影響に常に責任をもち、あらゆるステークホルダー（利害関係者：消費者、投資家等、および社会全体）からの要求に対して、適切な意思決定ができるような経営体制を意図している。

コストパフォーマンスのよい製品設計が求められた時代である。すなわち、「コスト重視のエンジニア」の登場が促された時代といえよう。

バブル経済崩壊以降は、成熟した市場下で、本当に顧客が望む付加価値の高いモノづくりが要求されるようになり、さらに、生活者の目線で安全や環境にも配慮したモノづくりが望まれるようになってきている。まさに、「顧客と安全・環境重視のエンジニア」が望まれる時代になってきたのである。

② キーワードを"累積型"で捉える

ここで留意しなければならないのは、各時代で注目されてきた重視項目（キーワード）を、単純に切替わったという"置換え"で捉えるのではなく、前時代の重視項目に次の時代の重視項目が追加される"累積型"で捉えなければならないということである。なぜならば、現代社会においても、「企業が開発する製品やサービスの顧客満足要素」は「品質（Quality）、納期（Delivery）、価格（Price）」であることに変わりはなく、これらの達成には、"現場重視の視点"も"コスト重視の視点"も重要だからである。

ただし、現代社会では同じ商品（例えば、自動車）を扱っても、ターゲット顧客層によって、各顧客満足要素の重要度が違ってくるケースも多々ある。ゆえに、その違いを明確化したうえで顧客満足度を評価する視点が必要になったため、"顧客重視の視点"がさらに追加されたといえる。

さらに、現在の日本は成熟した先進国として生活者優先社会でもあるので、ターゲット顧客層に関わらず、「顧客満足の3要素＝品質、納期、価格」の他に、「安全（Safety）」と「環境（Environment）」も顧客満足要素に加わるのは当然の流れである。このような背景から、「現場重視＋コスト重視＋顧客重視＋安全・環境重視」のモノづくり視点が、今のエンジニアには欠かせないのである。

(2) フロントランナー戦略によるモジュラー化への対応
① 未来志向能力に基づいた「フロントランナー戦略」

モノづくり産業が今後、さらに"留意すべき視点"はあるのだろうか。「顧客視点で商品評価を行うための顧客満足要素」としては、上述の「5つの顧客満足要素（Q、D、P、S、E）」にほぼ集約されると思うが、今後、顧客満足度の高い商品を高確率で実現していくためには、"未来志向（重視）能力"が欠かせない視点であると考えられる。

なお、ここまで論じてきた、エンジニアの重視項目と顧客満足要素との関連性を整理すると、**図表1-6**のようになる。

"未来志向重視の視点"が今後必要になる背景としては、本章の冒頭で述べたとおり、モジュラー化した製品領域の象徴ともいえるIT（情報技術）[12]

図表1-6　エンジニアの重視すべき項目と顧客満足要素の関連図

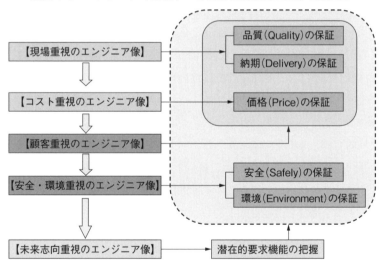

---
12) ITとはInformation Technologyのことであり、情報を取得、加工、保存、伝送するための科学技術である。特に、電気、電子、磁気、電磁波などの物理現象や法則を応用したPC等の機器やその内部で動作するソフトウエアを用いて情報を扱う技術のことである。ICT（Information Communication Technology）と呼ばれることもある。

図表 1-7　キャッチアップ戦略とフロントランナー戦略

【キャッチアップ戦略】
主に戦後から高度成長期にかけて、欧米先進国への追い上げ（キャッチアップ）を基本戦略にしたモノづくり戦略である。既存製品の改善活動が基本であり、品質管理の徹底で、高品質かつ故障が少なく、コスト競争力も備えた製品を実現している。その結果、メード・イン・ジャパンのブランド価値が確立した。その後は、メード・イン・ジャパン製品は、新興工業国から逆にキャッチアップされる存在になり現在に至っている。
【フロントランナー戦略】
日本はすでにモノづくりにおいてトップ集団に属するため、かつてのキャッチアップ戦略は実情に合わなくなっている。ゆえに今はフロントランナーとして一からモノづくりを行う必要がある。いわゆる次世代型製品やサービスを企画開発し、新市場を創造する戦略といえる。

系機器（パソコン、タブレット PC、スマートフォン）やデジタル家電製品などでは、「日本のモノづくり産業の得意分野＝摺合せ能力に基づいた現場力を結集した品質管理活動など」があまり優位に働かないうえに、製品の変化スピードが速いため、アクティブな意思決定が得意な韓国・台湾・中国等の新興国の台頭（図表 1-1 参照）を許し、「ハイエンド層向けの既存製品の改善活動」だけでは日本企業の優位性を維持することが困難になってきたことがあげられる。

　かつて（高度成長期）の日本のモノづくり産業が得意とした「キャッチアップ戦略」は、今や新興国企業へとシフトしており、日本のモノづくり産業の成長の余地は、このままでは先細りする可能性が高い（図表 1-1 参照）。そこで、近未来に向けて次世代製品を創造する「フロントランナー戦略」が、非常に重要な位置を占めるようになってきたのである（図表 1-7 参照）。

　② モジュラー化の流れ

　今後も、このモジュラー化の流れが止まることは、基本的にはないだろう。なぜならば、モジュラー化の中心には IT があり、IT の重要性は高まるばかりだからである。具体的にいえば、IT との親密性が高まれば高まるほど、

製品の主要部品が電子部品（MPU、DRAM、LAN モジュール、積層コンデンサー等）に置き換わり、パッケージ化した電子部品の構成率の高まりが製品自体のモジュラー化を促進することになる。このような現象は、軽薄短小型の弱電系産業に顕著に表れているが、この業界だけに限定されるわけではない。

　例えば、現在は高い現場力に支えられ、製品の高品質を実現しているインテグラル（摺合せ）型産業の代表である自動車産業でも、EV（電気自動車）化が進めば、インテグラル型からモジュラー型製品に変貌すると予測されているからである。

　このように、どのような業界であっても、IT 技術の占める割合が増えることはあっても、減ることはない。違いがあるとすれば、IT の占有率とその浸潤するスピードであろう。このような大きな時代の流れを考慮すれば、未来志向能力に基づいた「フロントランナー戦略」が重要になることは明白である。今までにない次世代型製品・サービスを開発するには、現在の顧客もまだ気づいていない"潜在的要求機能を合理的に把握・実現する視点"、つまり、未来志向能力が欠かせないのである（図表 1-6 参照）。

③　モジュラー型製品の特徴――インテグラル型製品との比較

　ここで、モジュラー型製品の特徴を図で整理してみよう。図表 1-8 は、モジュラー型製品とインテグラル（摺合せ）型製品の特徴について簡潔に整理したものである。

　図表 1-9 は、インテグラル型製品の一例として、ガソリン自動車の製品構造の概念図を示したものであり、図表 1-10 は、モジュラー型製品の一例として、PC システムのシステム構造の概念図を示したものである。

　これらの図が示していることを簡潔に述べると、次の 2 点にまとめられる。
・インテグラル型製品は各要求機能の達成が複数の達成手段に及ぶため、製品構造が複雑化して要求機能間の干渉が生じるので、摺合せ能力（高

図表1-8　モジュラー型製品とインテグラル型製品

モジュラー型 （組合せ型）	インターフェースの集約化によってシステムが複数のサブシステムから構成され、サブシステム間の独立性が高く、インターフェースがルール化されているとき、当該システムの製品構造は"モジュラー型"である。 （事例）パソコン、携帯電話、自転車、レゴ（おもちゃ）など
インテグラル型 （摺合せ型）	インターフェースの集約化によってシステムが複数のサブシステムから構成されたとき、サブシステム間の相互依存性が高く、インターフェースがルール化されていないとき、当該システムの製品構造は"インテグラル型"である。 （事例）自動車（ガソリンエンジン、HVC）、オートバイなど

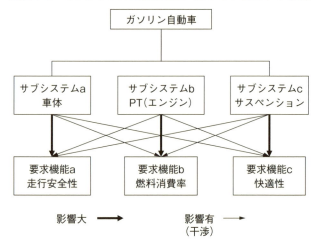

図表1-9　インテグラル型製品構造（ガソリン自動車の場合）

度なモノづくり技術を含む）が重要なポイントになる。

・それに対して、モジュラー型製品は、各要求機能が1つの達成手段に対応し、原則1対1対応の単純構造になるので、製作時の摺合せ能力は基本的にあまり要求されない。

なお、今後の主力自動車と期待されている電気自動車の製品構造を整理すると、**図表1-11**のようになると予想される。電気自動車においても、依然として、各要求機能の達成には複数の達成手段が絡むのは間違いないが、機

図表1-10 モジュラー型製品構造(PCシステムの場合)

図表1-11 予想される電気自動車の製品構造

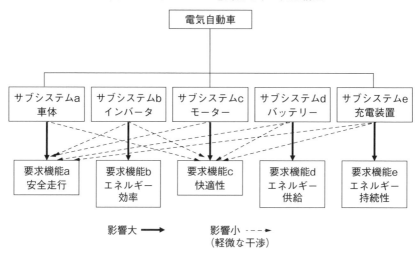

能間の干渉度はガソリン自動車に比較して低減され、その製品構造もモジュラー化に近づくといわれている。

(3) 潜在的要求機能の把握による次世代製品の創造

大きな時代の流れで捉えると、前述したように、ITの進展とともに大方

の製品領域でモジュラー化が進むのは間違いないだろう。

　もっとも、VE の観点からいえば、モジュラー型製品であれ、インテグラル型製品であれ、「機能は常に構造に優先する」のであり、達成すべき機能があって、初めて構造の検討が可能になる。この手順で検討した製品構造に対して、顧客満足要素の評価を行う。この基本原則は、製品構造によって違うことはない。

　しかし、モジュラー化が進んだモノづくり産業では、従来のキャッチアップ型戦略に基づいた既存製品の改善活動やプロト製品改善型の新製品企画開発活動だけでは、構造が単純化している分、VOC（顧客の声）を反映させても顕在的要求機能の改善余地は少ないし、単純な製品構造なのでコスト低減余地が少ないため、通常の VE 活動、特に「製品改善型 VE（2nd Look VE）」では、その効果的な運用が難しくなっているのは間違いない。

　このような背景を考慮すると、モジュラー化が進むモノづくり産業では、次世代製品を検討する創造活動が最も重要であり、目先の顧客満足度を上げることばかりに注力してはならない。あくまでも、ターゲット顧客層が近未来（例えば、5年〜6年程度先）に望むと思われる潜在的要求機能の把握とその実現に、初期の経営資源を集中するべきである。

　潜在的要求機能とは、現在の顧客も気づいていないという特徴があるので、当該技術の進化予測をしたうえで、近未来の社会環境の変化にマッチングさせる視点と能力が要求される。まさに、これが潜在的要求機能を把握するための"未来志向能力"である。

　なお、社員（主にモノづくり業務に関わるエンジニア）が"未来志向能力"を発揮する具体的な活動の場は、「次世代製品企画活動を実践する場面（本書では New 0 Look VE を提唱）」ということになるが、具体的な内容に関しては第 3 部の第 6 章で言及する。

　このように、今の日本のモノづくり産業は、弱電系企業を筆頭にどのような業界であれ、未来志向能力を重視して潜在的要求機能を把握・実現してい

く、一種の"イノベーション力"が第一に求められる時代に突入しているということである。

　イノベーションには、さまざまな解釈や定義がなされている。そこで、次章では、本書で扱うイノベーションの定義に基づいて、日本のモノづくり産業の強みと弱みを整理しながら、今後の日本のモノづくり産業で有望なイノベーション活動やイノベーティブな製品・サービスについて考察していくことにしたい。

第2章

日本のモノづくり産業の強みと弱み
～ 企業収益を上げるイノベーション活動とは ～

1 イノベーションの定義
〜イノベーション活動の最終成果は企業収益である〜

（1）イノベーションを定義する5つのキーワード

　イノベーションという言葉の語源はラテン語の"innovare"であり、"新しいものをつくり出す"という意味である。この"innovare"に対応する英語は"innovate"であり、辞書（Oxford ADVANCED LEARNER'S Dictionary 7th edition）には、「to introduce new things, ideas or ways of doings something」と書いてあり、意味はほぼ変わらない。

　したがって、"innovate"の名詞形である"innovation"の意味は、「新しいもの、新しいアイデア、何かをするための新しい方法の導入」ということになる。つまり、イノベーション自体の意味は非常に広く、キーワードにすれば、「新しいモノ・コトの導入、革新、刷新」ということになる。

　また、代表的なイノベーション論として、ヨーゼフ・シュンペーター[13]やピーター・ドラッカー[14]が定義したイノベーションの意味を整理すると、図表2-1のようになる。

　このほかに、筆者が以前実施した「イノベーションイメージに関するヒヤリング調査（2006年開催の異業種交流会に参加した技術者45名対象）」で多かった意見を整理すると、①付加価値の高いモノ、②技術革新、③時代に適した柔軟な組織、④個人の情熱、⑤顧客・市場や社会に対するインパクト―という5つのキーワードに集約できた。

---

[13] ヨーゼフ・シュンペーター（1883年～1950年）。米国の経済学者であり、オーストリアで育ち第一次世界大戦後に同国の蔵相に就任して、その後に米国に移住した。著作「経済発展の理論」などで経済成長にはイノベーションが欠かせないことを言及している。

[14] ピーター・ドラッカー（1909年～2005年）。米国の経営学者であり、オーストリア・ウィーン生まれのユダヤ系オーストリア人である。「マネジメント」を発明・体系化した人として世界的に著名である。

図表 2-1　代表的な"イノベーション"の定義

ヨーゼフ・シュンペーター 不断に古きものを破壊し新しきものを創造して、たえず内部から経済構造を革命化する産業上の突然変異である ⇒創造的破壊
ピーター・ドラッカー 人的・物的・社会的資源に対し、より大きな富を生み出す新しい能力をもたらすこと

図表 2-2　本書で対象とするイノベーションの定義

個人（社員）の情熱を起爆剤に、技術革新や時代に適した柔軟な組織を実現して、付加価値の高いモノ（製品・サービス）を創造し、最終的には顧客・市場・社会に対するインパクトを最大化させるプロセスとその成果（収益）である

図表 2-3　本書で提唱するイノベーションの概念図

手段 （企業体制）	直の目的 （創造物）	最終目的 （社会貢献）
技術革新 時代に適した柔軟な組織	付加価値の高いモノ ↑起爆剤 個人の情熱	顧客・市場や社会に対するインパクト

　そこで、筆者は本書で対象とするイノベーションに関しては、この5つのキーワードをもとにして**図表2-2**に示す内容で定義づけた。本書で定義づけたイノベーションは、決してシュンペーターやドラッカーの定義内容とは矛盾しないし、ノベーションの意味をより広義で捉えた内容になっている。

　このイノベーションの定義を図解化して示すと、**図表2-3**のようになる。

（2） イノベーションと企業収益の関係

図表2-3の概念図には、「付加価値の高いモノ（すなわち製品やサービス）」を生み出すには、その手段として技術革新と時代に適した柔軟な組織が必要であり、その中で働く個人（社員）の情熱が起爆剤になって、最終的に顧客・市場や社会に対するインパクトが最大化するといった関係が示されている。

ただし、このようなイノベーションは、あくまでも企業活動であることを前提に考えると、イノベーションのプロセスは重要であるが、イノベーション活動の最終成果は企業収益であることを忘れてはならない。イノベーションは決して、インベンションと同義語ではないのである。なぜならば、インベンションは"発明"であり、今までに存在しない製品（例えば、馬しかない時代に自動車を開発したなど）を提供できれば、それ自体で立派なインベンションにはなるが、その価値が顧客に認められ、社会にインパクトを与えた結果として、企業利益が継続的に創出できなければイノベーションには至らないからである。

インベンションがイノベーションに発展するケースもあるが、そこまで到達しないケースもあり得る。インベンションは卓越した個人力だけでも可能であるが、イノベーションの実現には、個人力だけでは限界があり、組織的な力がかなりの部分要求されることになる。

なお、前述した自動車や戦後に開発された数多くの工業製品（家電等）などは、その後の発展経緯を見れば、その大部分が当時のイノベーションであったことがわかる。

2 イノベーションのパターン分類

（1） イノベーションの4パターン

前述したように、本来のイノベーションの意味は多様で抽象度が高いので、

図表 2-4 破壊的イノベーションと持続的イノベーション

【破壊的イノベーション】	【持続的イノベーション】
●既存製品よりは相対的に性能は劣るが主流市場以外のローエンドで受け入れられて、やがて性能向上を達成して主流市場を破壊するイノベーションである。 ●一般的に新規参入企業が強い。	●既存市場の従来製品よりも優れた性能の製品で、ハイエンド（要求の厳しい顧客）の満足をねらうイノベーションである。 ●一般的に実績のある既存企業が強い。

図表 2-5 非連続型イノベーションと連続型イノベーション

【非連続型イノベーション】	【連続型イノベーション】
●従来とは全く異なる価値基準をもたらすほどの革新。したがって、従来の価値基準を覆すほどの急進的で根源的な革新のことである。 ●新たなSカーブを生み出す。 ●新技術を活用することがほぼ大前提になる。	●既存製品の部分的な改良を積み重ねることで、いわゆるマイナー・チェンジがベースになる。イノベーションの中でも程度の小さいものが印象としてはある。 ●既存技術の改良・改善が主流である。

かつてのイノベーションの日本語訳である"技術革新"だけで論じるには無理がある。したがって、イノベーションをさらに掘り下げるためには、イノベーション活動の視点からタイプ別に分類するほうが合理的であろう。

代表的なイノベーションのタイプとしては、クレイトン・クリステンセン[15]の唱える「破壊的イノベーション（Disruptive Innovation）と持続的イノベーション（Sustaining Innovation）」の分類（図表2-4参照）がある。

また、イノベーションを従来からある技術革新型（新技術活用型）か否かで論じる視点もあり、「非連続イノベーション（Radical Innovation）と連続イノベーション（Incremental Innovation）」で分類（図表2-5参照）する

[15) クレイトン・クリステンセン（1952年4月〜）は、米国ハーバード・ビジネス・スクール（HBS）の教授である。彼の初著作『イノベーションのジレンマ』の中で破壊的イノベーションの理論を発表・確立させた。企業のイノベーション研究における第一人者である。

ことも可能である。

なお、図表2-5のイノベーション分類の観点である"連続"か"非連続"かは、技術の連続性があるか否かを問う視点であり、その状態を示すには、「Sカーブ[16]」を用いるのが最適である。

この2タイプのイノベーション分類のお互いの関わり―例えば、「破壊的イノベーションに対する非連続型イノベーション」や「持続的イノベーションに対する連続型イノベーション」の関係など―は、どのように解釈できるのだろうか。

一例として、破壊的イノベーションと非連続型イノベーションの関係について考えてみよう。両者にはお互いの類似特徴が多々あるが、すべての特徴が重なるわけではない。非連続型イノベーションは、新技術の活用でSカーブの切替えが大前提になるが、破壊的イノベーションの場合は、Sカーブ自体の切替えは伴っても、既存技術で新市場を切り開くケースも含まれるので、技術革新が必ずしも大前提にはならない。

また、持続的イノベーションと連続型イノベーションについても、類似特徴はあるものの、すべての特徴が同じではない。例えば、持続的イノベーションは、既存市場でのハイエンド追求が大前提になるが、このための達成手段が必ずしも連続型イノベーションに限定されるわけではなく、新技術の活用によるSカーブの切替えが伴う非連続型イノベーションも十分想定されるからである。

このように考えると、広範な意味を持つ"イノベーション"は、前述の2タイプのイノベーション分類をもとに、**図表2-6**に示したマトリックス上

---

[16] 技術の発展のペースが導入期は緩やかで、その後の成長期で急激になり、やがて成熟期では再び緩やかになり、衰退期で限界が訪れる。この状況を"グラフ（縦軸：技術発展の度合い×横軸：主に時間）"で描写すると、導入期と成熟期の傾きが緩やかで成長期の傾きが急な「S」の字型の形状となることから、このように呼称されるケースが多い。

図表 2-6 イノベーションの 4 パターン

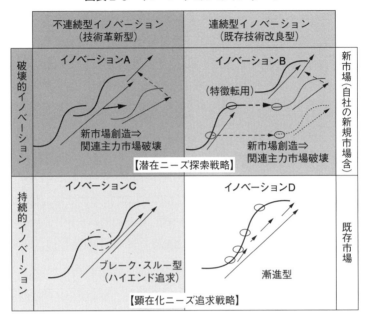

の「イノベーションの 4 パターン」に整理することが可能になる。

(2) 全社一丸となった偏りのないイノベーション活動

　今まで一般的に革新性が高いといわれた商品は、図表 2-6 の中で示すと、イノベーション A と C であり、技術革新（新技術の活用）が前提になっている印象が強い。しかし、最近になって、より注目されている革新性の高い商品とは、新技術の活用の有無にかかわらず、破壊的イノベーションをねらったイノベーション A や B である。A や B の場合、「潜在ニーズ探索型戦略＝潜在的要求機能の把握」が大前提になるので、第 1 章で言及したように、「未来志向能力」が欠かせない。

　一方で、イノベーション D は、漸進的なイノベーションのことであり、従来から日本のモノづくり産業のお家芸といわれてきた改善力や現場力が原

動力になる。もっとも、このイノベーションDは前章でも言及しているように、IT系機器やデジタル家電製品を筆頭にモジュラー化が進む製品構造では、高度成長期のような、日本のモノづくり産業に有利な活動パターンとはいえなくなっている。その理由は、モジュラー型製品は総じてSカーブの切替えが早いため、イノベーションDの最大の特徴である累積改善効果が出にくいうえに、特段の改善力がなくても要求品質が比較的容易にクリアできる構造だからである。

ただし、インテグラル型産業の自動車産業をはじめ、インフラ系産業（鉄道車両製造、鉄道運行システム、建設道路工事関係等）などでは、イノベーションDで示される改善力や現場力が今でも重要な役割を果たしている。なぜなら、現場によるボトムアップ型の小さなイノベーション（改善案の提案）の積み重ねによって、社会に与える利便性が強化され、企業自体も改善活動を通して自己成長できる可能性が高いからである。

このことは、トヨタを筆頭にした自動車業界だけではなく、サービス産業の象徴でもあるセブン-イレブン等の日本式CVS（コンビニエンスストア）にもあてはまる。いずれのケースも、オリジナルであるイノベーションAは欧米（自動車産業として成立したのは欧米系の自動車会社、CVSは米国のサウスランド社のセブン-イレブン）であるが、その後の発展は日本独自の現場力を中心にしたイノベーションDによって独自の発展を遂げ、現在、トヨタもセブン-イレブン・ジャパンも、世界市場で大きな影響力を発揮していることからも明らかであろう。

なお、この改善力や現場力は、モジュラー化が進むIT系産業ではあまり効力は発揮できないと前述したものの、コア部品等の製造は、複雑で微妙な調整が必要なケースが多いのもまた事実である。したがって、モジュラー化が進む産業構造に属する企業でも、このようなコア部品メーカーでは、いまだに現場目線での小さなイノベーションの積み重ねは依然として重要である。

したがって、今後は、「未来志向能力」に基づいた「フロントランナー戦

略」でSカーブの切替えが伴うイノベーションA、B、Cを積極的に実践するとともに、現場目線を重視した小さなイノベーションの積み重ねを尊重するイノベーションDもいまだに重要であることを認識して、「全社一丸となった偏りのないイノベーション活動」を推進することが、産業構造の違いに関わらず非常に大切であることを認識すべきである。

（3） ラディカル型とグラスルーツ型

　本書ではこれ以降、イノベーションA、B、Cを総称して「ラディカル（革新）型イノベーション」と呼ぶ。それに対して、現場力による改善提案で小さなイノベーションの積み重ね効果をねらうイノベーションDを「グラスルーツ（草の根）型イノベーション」と呼ぶことにする。なお、「イノベーションの4パターン」に絡めてラディカル型イノベーションとグラスルーツ型イノベーションの多様な特徴を体系的に整理すると、**図表2-7**のようになる。

　これを見ればわかるように、モジュラー型産業は、ラディカル型イノベーションとの関連性がきわめて高いので、必然的に未来志向能力の必要度が高くなることがわかる。だからといって、改善力や現場力が反比例して無用になるわけではない。モジュラー型産業でも、常に現場目線による改善マインドを維持する必要がある。

　その理由は、コア部品の製造過程では、依然としてインテグラル型構造が残るし、現場での改善提案のようなグラスルーツ型イノベーションは、いまだに組織の活性化に有効だからである。組織の活性化はイノベーションに不可欠な"時代に適した柔軟な組織の実現"に貢献する。さらに、海外工場における品質管理システムの現地社員への伝承においても、日本のグラスルーツ型イノベーションの効用は無視できない。

　一方、インテグラル型産業は、グラスルーツ型イノベーションとの相関がきわめて高いので、改善力や現場力の必要度は今でも断然高い。だが、これ

図表 2-7　ラディカル型イノベーションとグラスルーツ型イノベーションの主な特徴

ラディカル型イノベーション 【イノベーション A、B、C】	グラスルーツ型イノベーション 【イノベーション D】
新 S カーブへの切替えによる発展 ◎：フロントランナー戦略 △：KAIZEN Activities 戦略	同一 S カーブ内での発展 ◎：KAIZEN Activities 戦略 △：フロントランナー戦略
未来志向能力が必修	改善力や現場力が必修
未来志向能力の必要度 ◎：イノベーション A ◎：イノベーション B ○：イノベーション C △：イノベーション D	改善力や現場力の必要度 ◎：イノベーション D ○：イノベーション C △：イノベーション B △：イノベーション A
◎：モジュラー型産業 △：インテグラル型産業	△：モジュラー型産業 ○：インテグラル型産業
【各イノベーションパターンの主な事例】 イノベーション A ⇒ 携帯型ステレオカセットプレーヤー（ウォークマン）、デジタルカメラ、スマートフォン（iPhone）、カップヌードルなど イノベーション B ⇒ レンズ付フィルム、QB ハウス（ビジネスモデル型）など イノベーション C ⇒ 新幹線、3DTV、HVC など イノベーション D ⇒ 日本式 CVS（セブン-イレブン・ジャパン等）、JR 等の都市鉄道運行システム、自動車や家電等の耐久消費財や一般消費財の改善型新商品など多数	

（注）◎：関連性が極めて大きい　　○：関連性が大きい　　△：関連性がある

は、未来志向能力が不要ということではない。確かに、モジュラー型製品と比較すれば S カーブの切替え等も比較的緩やかではあるが、IT 技術の占める割合も相対的に増えており、以前に比較すると S カーブの切替え時期が早まっているからである。したがって、S カーブの切替えタイミングを予測するうえでも、未来志向能力は必要といえるだろう。

　各イノベーションパターン（A、B、C、D）の主な事例は、図表 2-7 の下段に記述しているが、これらの事例は、あくまでも登場した当時の視点で分類している。ここで留意すべき点は、イノベーション A、B、C も登場後は、必ずイノベーション D を経ることになるという事実である。ただし、同一 S カーブ内に留まる時間幅が各商品（製品やサービス）によって違ってくる

ので、グラスルーツ型イノベーションの重要性は、各商品の産業構造に依存することになる。

3 ラディカル型イノベーションの重要性

（1） グラスルーツ型イノベーションに見る日本の強み
① 日本のブランド力を高めたグラスルーツ型イノベーション

前節で触れたように、イノベーションは基本的にA、B、C、Dの4パターン（図表2-6参照）に分類できる。この4パターンを、Sカーブの切替えが伴う「ラディカル型イノベーション（A、B、C）」と、同一Sカーブ内での改善活動を前提とした「グラスルーツ型イノベーション（D）」の2タイプに集約することも可能である。

ところで、第1章で触れたように、今までエンジニアに求められてきた能力は、「現場重視、コスト重視、顧客重視、安全・環境重視の思考」であるが、これらの思考の中でも現場重視、コスト重視はグラスルーツ型イノベーションにおいてとりわけ有効な視点だと思われる。さらに、顧客重視に関しても、顧客が求める不満や希望事項（顕在的要求機能）への迅速な対応に直結する思考なので、どちらかというと、グラスルーツ型イノベーションに即効性のある視点であろう。

その一方で、安全・環境重視の考え方は、現代社会においては、すべてのイノベーションで求められる視点である。

このように、歴史的にエンジニアに長年求められてきた「現場重視、コスト重視、顧客重視の思考」は、日本人の気質にもマッチし、顧客満足の三大要素（品質、納期、価格）を保証して、日本のモノづくり産業の世界市場でのブランド力の強化につながってきた。これはまさしく、日本の改善力や現場力に基づいた「グラスルーツ型イノベーションの賜物」であり、日本のモノづくり産業の強みである。製品のケースで例えるならば、かつての「三種

の神器（白黒テレビ、冷蔵庫、洗濯機）」や「３Ｃ（カー、クーラー、カラーテレビ）」などが象徴的であり、その後、これらの商品は欧米へ輸出され、メード・イン・ジャパンのブランド価値の向上に大いに貢献した。

② 影が薄れるメード・イン・ジャパン

その後、これらの製品の多くは1990年代以降、韓国・台湾等の新興国にキャッチアップされて、世界市場で著しくシェアを落としたのも事実である（図表1-1参照）。この背景には、世界レベルでITの発展による製品のモジュール化が急速に進み、それに反比例する形で、日本の現場力による優位性が発揮できなくなっていった事情が潜んでいる。

ちなみに、現在の"新三種の神器"は何だろうか？ 2011年に、筆者が担当した学部の授業で学生たちに聞いてみたところ、有効回答数62名中、「携帯電話（スマートフォン含む）」が51名、「PC（パソコン）」が50名、3つめは多様で、「デジタルTV」「音楽プレーヤー」「ICカードチップ」というように意見が分かれた（図表2-8）。

図表2-8　現在の三種の神器は何か（アンケート調査結果）

現在の日本社会での三種の神器は何だと思いますか？

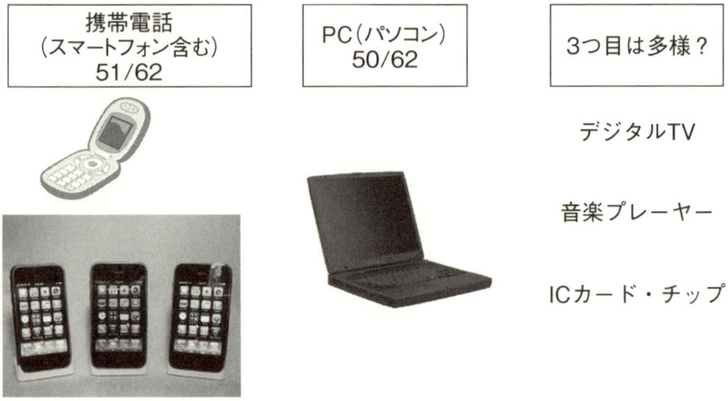

携帯電話 （スマートフォン含む） 51/62	PC（パソコン） 50/62	3つ目は多様？
		デジタルTV
		音楽プレーヤー
		ICカード・チップ

2011年前期「技術と効率経営」（学部授業）での学生へのアンケート結果(有効数62名/112名中)

2013年にも、修士の大学院生に対して授業中、同じような質問をした。有効回答数29名中、「スマートフォン（19名）＆携帯電話（9名）」が28名、「PC（パソコン）」が24名、「薄型TV」が9名という結果が得られた。

2011年から2013年の間に、携帯電話がスマートフォンにシフトしているが、広義に解釈すれば同じ携帯電話の領域であり、大きな違いはない。

これらのアンケート結果に共通していえることは、学生（若者世代）が"現在の三種の神器"と考える製品は、モジュラー化が著しく進んだ領域が多く、新興国がシェア等で優位に立つ製品領域が多いということである。このような背景も絡み、最近はメード・イン・ジャパンの影が薄く感じられているのかもしれない。

③　コア部品に強い日本——外モジュラー・内インテグラル型戦略

消費者にとって、メード・イン・ジャパンの陰が薄くなっている一方、アップルやサムソンが世界市場でシェア争いをしているスマートフォンにおいて、本体を構成する主要部品の多くが日本の部品メーカーによって支えられているのも事実である。今後、高級スマートフォン市場に進出をねらっている中国の主要メーカーも、日本製部品の調達を考えているようである[17]。具体的には、「小型化した積層セラミックコンデンサー（村田製作所）、NAND型フラッシュメモリ（東芝）、タッチパネル内臓の液晶パネル（JD）、CMOSセンサー（ソニー）等」[18]があげられる。これらのコア部品では、日本の技術力が依然強い。

さらに、IT機器同様に著しくモジュラー化が進んだ自転車業界では、「自転車のインテルとの異名をとるシマノ」が、日本企業として注目に値する。自転車のコア部品ともいえる減速機を開発し、部品を構成する歯車の素材や構造に他社が容易にキャッチアップできないノウハウの蓄積があり、高級自

---

17)「中国スマホ、日本部品倍増」日本経済新聞、2013年11月8日
18)「蓋を開ければ日本製」日本経済新聞、2011年9月24日

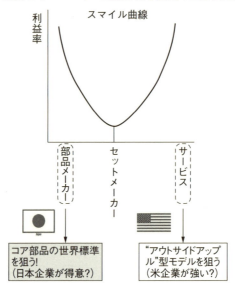

図表 2-9　スマイル曲線と日本企業の立ち位置

転車部品の8〜9割のシェア[19]を獲得しているからである。

　つまり、モジュラー化が進んだ製品領域でも、コア部品に特化して、日本の先端技術力を結集しつつ、量産段階でも日本企業の得意とする現場力を発揮できれば、新興国には容易にキャッチアップされない領域がまだまだ存在するということである。このようなモノづくり戦略を「外モジュラー・内インテグラル型戦略」という場合もある。

　このように、製品全体としてモジュラー化が進んだ業界は、利益曲線もスマイル曲線（図表2-9参照）になるケースが多いため、インテグラル構造が残るコア部品に特化するほうが、一般的には日本企業には有意になる傾向がある。

---

19)「シマノ、欧米で快走」日本経済新聞、2012年4月25日

④　グラスルーツ型イノベーションの累積効果

　第 1 章で述べたように、本書では日本のモノづくり産業を、製造業的な改善力・現場力を取り入れたサービス産業も含めた"広義のモノづくり"概念で捉えているので、外モジュラー・内インテグラル型サービス業の代表例として、「日本式 CVS」にも触れておきたい。

　CVS の発祥地は米国セブン-イレブンということもあり、当初はすべてのオペレーションがマニュアル化されたモジュラー型サービス産業のイメージが非常に強かった。

　しかし、1974 年にセブン-イレブン・ジャパンが日本に誕生して以来、"独自の FC（フランチャイズ）方式"や"単品管理手法"が開発され、さらに、温度帯別共同配送システムによる多品種・多頻度・小口配送の構築も図り、高品質のコンビニ弁当・おにぎりの開発も可能になった[20]。これはまさしく、日本企業のサービスイノベーションそのものである。最近では、興行チケット販売、公共料金支払い、宅配便の窓口なども行い、地域社会に必要不可欠なインフラ産業に育っている。

　ここまで末端サービスを徹底させるには、現場力・改善力がなければ決して実現できない。まさに、グラスルーツ型イノベーションによるノウハウの累積効果といえるだろう。製品に例えれば、コア部品（コアな個別サービス要素）のインテグラル化に近い部分がかなりあるので、簡単な作業マニュアルだけでは、他の CVS のキャッチアップは困難である。

　さらに、CVS 運営のしくみ自体も、各社独自に発展してきた部分があるので、単純に「外モジュラー・内インテグラル型戦略のサービス版」ともいいきれない。つまり、CVS 業界自体がインテグラル化している部分も多々存在するのである。日本の CVS 産業の規模は、筆頭のセブン-イレブン・ジャパンと他の大手 4 社（ローソン、ファミリーマート、サークル K サンクス、ミニストップ）合わせて、国内店舗数は 2012 年秋以降、すでに 5 万店舗を

---

20)「セブン-イレブン・ジャパン 40 年」日本経済新聞、2014 年 7 月 9 日

図表 2-10　逆スマイル曲線と日本企業の立ち位置

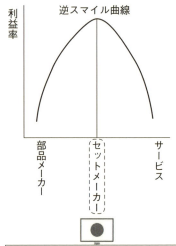

超え、現在も成長を続けている。これも CVS 各社が切磋琢磨して、社会の変化に合わせ進化し続けてきたからであろう。

　最近では、韓国・中国・東南アジア圏へと活躍の場を広げ、"世界のスタンダード"をめざしているほか、電子マネーの普及に伴い、ビッグデータを活用した独自の新商品開発[21]も試みている。その独自の進化はいまだに止まっていない。これらの発展パターンは、明らかに米国生まれの CVS とは異質のものである。これらの創意工夫は、社会的インパクトも強く、日本得意の「持続的イノベーション（イノベーション C と D）」のサービス産業版といったほうが、より適切かもしれない（図表 2-6 参照）。

　なお、日本のモノづくり産業でも、プラント・社会インフラ系企業等の重厚長大型産業は現在でもインテグラル型産業構造であり、日本企業の現場力が十分にその強みを発揮できる環境にある。つまり、グラスルーツ型イノベ

---

21)「ビックデータ売れ筋発掘」日本経済新聞、2013 年 3 月 6 日

ーションの累積効果が大きな強みとなり、新興国のキャッチアップも容易ではないということである。したがって、インテグラル型産業の利益構造も、逆スマイル曲線（**図表 2-10 参照**）になり、日本企業に多い垂直統合型の組織体制のほうが、利益構造的にも有利になる。

（2） ラディカル型イノベーションの創出は日本企業の弱点か？
① 世界で最も革新的な企業

日本のエンジニアに長年求められてきた思考が、前述したように、主にイノベーションDに対応するグラスルーツ型イノベーションだったこともあり、一見すると、ラディカル型イノベーションの創出は、日本企業の弱点であるというイメージで捉えられる傾向がある。事実はどのようになっているのであろうか。

かつては、ソニーのポータブル・トランジスタラジオや携帯型ステレオカセットプレーヤー（ウォークマン）、日清食品のカップヌードルなど、当時の視点で見れば、間違いなくイノベーションA（あるいはB）による破壊的イノベーション（図表2-6参照）を行ってきた。今でも家電業界では、新技術を果敢に採用して、次世代型TV（3DTVや4KTVなど）を開発しているし、JNR（国鉄）が開発した新幹線は世界に輸出する目玉商品としての期待が高まっている。さらに、JR東海が牽引して、リニア新幹線の事業化も決定した。これらはすべて、イノベーションCによるラディカル型イノベーションである。したがって、このような事例を根拠にすれば、ラディカル型イノベーションでも、日本は決して引けをとらないということになる。

しかし、その一方で、前人未到の新市場を生み出して、社会的にも大きなインパクトをもたらした商品（製品やサービス）に対応したイノベーションAやBの創出が、今の日本で行われている印象が弱いのも事実である。

現在のイノベーションAやBにあてはまると思われるものは、Goggle、Amazon、Facebook等の米国系IT企業の存在感が圧倒的に強く、次世代型

図表 2-11　世界で最も革新的な企業上位 15 社（2013 年版）

企業名（本社）	2013 年のランク	前年（2012 年）ランク
Apple（USA）	1st	1st
Samsung（South Korea）	2nd	3rd
Google（USA）	3rd	2nd
Microsoft（USA）	4th	4th
Toyota（Japan）	5th	11th
IBM（USA）	6th	6th
Amazon（USA）	7th	9th
Ford（USA）	8th	12th
BMW（Germany）	9th	14th
General Electric（USA）	10th	16th
Sony（Japan）	11th	7th
Facebook（USA）	12th	5th
General Motors（USA）	13th	29th
Volkswagen（Germany）	14th	45th
Coca-Cola（USA）	15th	17th

（注）THE MOST INNOVATIVE COMPANIES 2013（BCG）の資料をもとに筆者が上位 15 社に限定して編集・作成したもの。

ソリューション産業として進化している印象が非常に強い。

　図表 2-11 に示すのは、「世界で最も革新的な企業ベスト 15 社（2013 年）」のリストで、2005 年から毎年ボストン・コンサルティング・グループ（BCG）と米誌『ビジネスウィーク』が公表している「世界で最も革新的な企業 50（The World's 50 Most Innovative Companies 2013）（最新版）」をもとに、筆者が上位 15 社に絞って編集した表である。

　② 世界の評価をどう見るか
　これらのランクは、世界中の有識者からの投票による評価（80％）に、過去 3 年間の株式収益率（10％）、売上高（5％）と利益成長率（5％）が加味

されて計算されている。したがって、有識者（世界の経営者層の1,500名以上）の評価ウエートが大きいので、世界的に有名なブランド企業が有利になるわけである。

　ランキングを見ると、IBMを除いて、比較的歴史の浅い米国系IT企業（Apple、Google、Microsoft、Amazon、Facebook）が上位を占めている。これらの企業は、前述した現在のラディカル型イノベーション（特にイノベーションAやB）を牽引している企業とほぼ一致している。興味深い点である。これは、IT分野で新市場を切り拓いてきた実績がフロントランナー企業としての認知度を高め、高く評価された結果であろう。

　韓国のサムスン（2位）や日本のソニー（11位）も上位にランク入りしているが、サムスンに関しては、携帯・スマホ等でのグローバルなマーケティング戦略での寄与が大きい印象であり、ソニーに関しては、やはり過去のイノベーティブな商品の実績とPS（プレイステーション）シリーズの貢献が寄与していると筆者は推察している。

　その一方で、比較的歴史のある自動車メーカーが比較的多く上位にランクづけされたことも、興味深い現象である。日本企業のトヨタ（5位）を筆頭に、米国のFord（8位）、GM（13位）、独国のBMV（9位）とVolkswagen（14位）が上位にランクインしており、各社ともに前年度に比べて順位がアップしている。この背景には、自動車もHVC（ハイブリットカー）やEVC（電気自動車）への対応、あるいは無人走行自動車の開発等により、ITが絡むイノベーションの度合いが高まっているからであろう。

　特にトヨタは、HVCの開発で先行しつつ、EVCや無人走行自動車の開発にも積極的であり、近年はイノベーションCのラディカル型イノベーションにも強いイメージがある。さらに、お家芸の改善活動も依然強みなので、イノベーションDのグラスルーツ型イノベーションに対する認知度も世界的に高い。このような背景から、ベスト5にランクづけされたと筆者は考えている。

なお、図表2-11には掲載していないが、上位50社までカバーすると、ホンダ（18位）、ソフトバンク（27位）、ファーストリテイリング（33位）、日産（38位）もランクインし、全部で日本企業は6社になる。

総じて、日本企業は善戦しているといえるのではないだろうか。特に、ソフトバンクやファーストリテイリングは、従来型の日本企業（特に電気・自動車業界）とは異なる発展経緯をたどっており、業界も違うので、今後、世界市場での活躍への期待度は高い。

以上の結果も踏まえて、トータルで日本のモノづくり産業を世界市場で捉えると、技術革新の色彩が強いイノベーションCはいまだに強いものの、モジュラー化の進むIT系機器を抱える弱電産業を中心に、量産化段階では新興国に追い抜かれるケースや、市場への浸透が一部のハイエンド層だけに留まるケースも多く、破壊的イノベーションに対応したラディカル型イノベーション（イノベーションAやB）まで含めると、日本のモノづくり産業の影は総じて薄くなりつつある印象は否めない。つまり、総じて、日本のモノづくり産業は、持続的イノベーションが主流なので、現場力に基づいた改善活動の印象のほうが強いというのが現状ではないだろうか。

③　破壊的イノベーションを創出する企業——卓越した未来思考力の必要性

過去を振り返ると、最も社会的インパクトの大きい破壊的イノベーションであるイノベーションAやBを創出した日本企業は、創業社長の個人力で開発を成し遂げた印象が強いし、現在の米国系IT企業による破壊的イノベーションも、歴史が浅いベンチャー企業からの出発がほとんどである。ここで共通していることは、創業者という個人の強烈なベンチャー精神に基づいた未来志向能力が卓越していたことであろう。近未来の社会変化に、自社のコア技術を常にマッチングさせる能力に秀でているからこそ、破壊的イノベーションが創出できるのである。

しかし、どんなベンチャー企業であっても、存続する限りは、歴史を刻ん

第2章 日本のモノづくり産業の強みと弱み

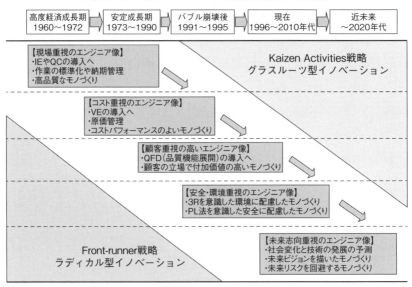

図表 2-12 日本のモノづくり産業の進むべき道筋

で組織力で強みを発揮しなければならない時代が必ず訪れる。したがって、大企業は特に、日本のモノづくり産業の前述した強みを維持しつつ、今後は企業の組織レベルで、破壊的イノベーションも含めたラディカル型イノベーションを強化しなければならない。そのためには、個々の社員には、「未来重視の思考力」も兼ね備えてもらう必要がある。

最後に、第1部のまとめとして、日本のモノづくり産業の変遷を時系列的かつビジュアル的に整理すると、**図表 2-12**のようになる。

日本のモノづくり企業の現場力やコスト力を背景とした「グラスルーツ型イノベーション＝現場力」は、決して過去の遺物などではなく、今後も未来に向かって継続的に展開すべき活動である。その理由は、重厚長大系のインテグラル型産業やコア部品メーカーでは、現場力の有無が今でも大きなウエートを占めているし、仮にモジュラー型産業であったとしても、現場力は企業の活性化につながる底力であり、日本企業の優位点である事実は変わらな

45

いからである。
　しかし、これだけでは不十分であるのも、また真である。したがって、今後は未来重視の思考力も身につけて、「ラディカル型イノベーション」も同時に推進し、フロントランナー戦略を積極的に展開していくべきであろう。特に、モジュラー化が進むIT系産業では、破壊的イノベーションも視野に入れた積極的な未来ビジョンが描けるかどうかが、近未来の生死の境目になるかもしれない。

第3章

VE（価値工学）概論

第1部の第2章で言及した各種イノベーションパターンを具体的に実現していく手段として、本書のタイトルにもあるように、VE（Value Engineering：価値工学）をベースにしたアプローチ方法を提案しているのが、本書の最大の特徴である。VEは第1部の第1章でも触れているように、製品やサービスのコストダウンに有効な手法として、IE（Industrial Engineering）やQC（Quality Control）と並んで日本のモノづくり産業に定着化した管理技術である。

　しかし、VEの機能分析アプローチは、コストダウン活動に限ったわけではなく、むしろ、開発・設計段階でのムリ・ムダ・ムラを廃した"合理的な設計活動"に適した管理技術といえる。

　そこで本章では、改めてVEの誕生した背景やその後の発展経緯を整理し、1つの管理技術としての特徴を体系的に把握することで、VEがモノづくり活動の開発・設計段階で特に有効な管理技術であることを確認しておきたい。

1 | VE誕生の背景とその基本思想
〜設計タイプの問題解決に有効な管理技術〜

（1）日常業務から誕生した管理技術

　VEは、第2次世界大戦後に全米最大の電機メーカーであるGE社（General Electric社：前身会社はエジソンが創業）で開発された管理技術であり、IEやQCと同様に米国が発祥の地である。GE社は、『世界で最も革新的な企業50（The World's 50 Most Innovative Companies2013）（最新版）』（図表2-11参照）でも、10位にランクインしている。上位には新興の米国系IT企業が多い中で、歴史あるGE社も選ばれているのは非常に興味深い。このような企業で、当時は画期的であったであろうVEが誕生したのも、単なる偶然ではないだろう。

　本章の冒頭で、VEはIEやQCと並んで日本に定着していると述べたが、

実は、VE誕生のきっかけには、これら2つの管理技術とは異なる点がある。この違いが、IEやQCとは異なる特徴を際立たせる要因となっている。

世界初の管理技術であるIEは、今ふうにいえば、経営コンサルタントであるテーラーが発表した科学的管理法に端を発し、QCは統計学者のシュハートの管理図がきっかけで誕生している。つまり、IEとQCは「企業外の専門家や学者」によって開発された管理技術である。ちなみに、OR（Operations Research）も、IEやQCと同様に、問題解決に関する部外者（軍隊関係者以外）である英米の理工学者、心理学者、経営学者などが軍事上の問題解決に協力したことがきっかけで、1940年頃に開発された管理技術である。

それに対してVEは、GE社の社員であった当時の購買課長、マイルズによって、最初から実務上の問題解決手段として開発され、その後も実践の積み重ねを先行させながら理論面を整理してきたという経緯をたどっている。つまり、VEの誕生背景は、本質的にIEやQC、ORなどの他の管理技術とは趣が違うのである。

（2） VE誕生の背景——軍需から民需への切り替え

VEは1947年、第2次世界大戦が終結して2年後に、GE社における「アスベストの出来事」がきっかけで開発された購買手法（当時はVA：Value Analysisと呼んでいた）である。この時期は米国において、多くの企業が軍需から民需へと生産体制を切り替えようとしていた時期である。この環境変化が、VEを誕生させる背景の1つとなっている。

第2次世界大戦中の米国では、国防省が兵器類の性能や納期を第一に考え、投資には糸目をつけないという方針を示し、多くの企業が軍需工場化し、兵器類の生産に総力を傾けていた。国防省の方針とは、「コストプラス一定利益方式（Cost Plus fixed fee）」と呼ばれるもので、兵器の生産については、性能や納期上の条件を厳しくする一方で、そのために要したコストは国防総

省がすべて保証するというものである。この方針に従えば、戦争中に国防総省と多く取引をしていた企業は、売上に比例して利益をたくさん確保できたわけであり、当時の軍需産業が、非常に潤っていたことがわかる。

　終戦後は、この方針が廃止されて民需体制に切り替わったため、多くの企業が「コストプラス一定利益方式の悪習慣」から早急に抜け出す必要に迫られた。このような激変の時代に、GE社でVEが誕生したわけである。言葉を換えれば、GE社が先頭をきって、製品に対するコスト意識の徹底を図ったということになる。

（3）アスベストの出来事から学ぶVEの基本思想

　1947年、GE社でVE誕生のきっかけとなる資材調達上の出来事があった。これが今日、「アスベストの出来事」と呼ばれるもので、具体的には、次のようなことである。

　GE社では当時、ある電機部品を塗装する工程でオーバーヘッドコンベアを使用していたのだが、この工程には安全面でのリスクがあった。塗装作業の際にペンキが床にたれてしまい、それが発火して延焼する危険があったのだ。それを防ぐために、床カバーにアスベスト材を使用していた。不燃材のアスベストは安全対策上、欠かせないものであった。

　そのようななか、塗装現場からアスベスト材調達の要求があったのだが、当時は戦後間もない頃であり、物資不足のため、不燃材の専門業者でもアスベストがなかなか手に入らない状況だった。そこで、GEからの問合せを受けたある専門業者が、GE社の購買担当者にこんな質問をした。

　「そのアスベストは何のために必要なのですか？」

　GE社の購買担当が質問に答えると、専門業者はアスベスト材に代わる代替材の使用を勧めてきた。

　購買担当者はその提案を受け、社内で代替材について検討を行った。その結果、安全対策で必要な技術上の条件を十分満たし、かつ価格も格段に安い

材料であることが判明したため、購買担当者はこの代替材を購入するための準備を進めた。

だが、ここで重大な障害にぶつかってしまった。当時のGE社には、社内火災防止委員会が制定した火災防止規則があり、その一項に「不燃材にはアスベストを使用のこと」という規定があったからである。そのため、この価値ある代替材を購入することができなかった。

それでも、当時購買課長だったマイルズはあきらめなかった。代替材の技術的可能性についての検討・実験を行い、その有効性を裏づける科学的データを集めた。こうして時間と労力を費やし説得を続けた結果、マイルズは火災防止規則を見直させることに成功し、安価で有効性の高い代替材の全面採用に至ったのである。

その後、この出来事は会社の上層部の耳に届くことになった。当時の購買担当副社長はマイルズの取組みを評価するとともに、「このようなことの積み重ねがコストアップ要因になっているのではないか？」と考え、コストダウンの総合的な推進をマイルズに命じたのである。

この意を受けたマイルズは、暗中模索、手探りの状態から、アスベストの出来事を振り返りながら、「効果的な購買手法としてのVA」を体系化した。

このアスベストの出来事について、その内容を整理すると、管理技術としてのVEの基本的な考え方が理解しやすくなるので、そのポイントを図表3-1に整理することにしよう。

（4） 機能的アプローチに基づくVE

VEは機能的アプローチをベースにした「現状否定型手法」であり、IEやQCが構造（思考）的アプローチによって問題解決を図る「現状肯定型手法」であるのとは、根本的にその思考法が異なっている。つまり、IEやQCのような構造的アプローチでは、現状の問題解決を図る際、既存製品等の現状構造にフォーカスした視点で問題を細かく分析して解決案のヒントをつかみ、

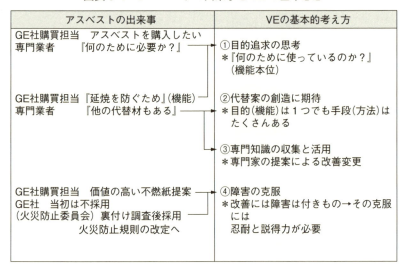

図表 3-1　アスベストの出来事とVEの基本思想

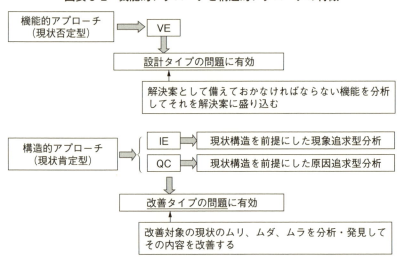

図表 3-2　機能的アプローチと構造的アプローチの特徴

それについて改善していくという手順を踏む。

一方、VE のような機能的アプローチでは、問題解決の対象（製品や作業など）が本来持つべき「機能」は何かを明確にして、その機能から解決案を発想していくという手順を踏む。したがって、VE は、設計タイプの問題に特に有効な管理技術であるといえる。この 2 つのアプローチの特徴を体系的に整理すると、図表 3-2 のようになる。

この 2 つのアプローチをよりわかりやすく理解してもらうために、簡単な事例を紹介しよう。図表 3-3 は「パソコンの軽量化」という問題に対して、両者のアプローチを比較したものである。この事例のように、取り上げた問題が同じでも、問題解決のアプローチを変えることは可能である。どちらのアプローチがよいかは、問題の性質や目標の大きさ、または問題に取り組む

図表 3-3　問題解決アプローチ別のパソコンの軽量化の解決案の違い

解決テーマ：パソコンの軽量化	
構造的アプローチ（原因追求型分析）	機能的アプローチ
（解決の糸口）原因追求思考（QC） 『パソコンが重い原因はなぜか？』 ↓ 原因 1『充電用バッテリーがかなり重い』 対策案 1『軽量化に適した充電池の開発へ』 ↓ 原因 2『PC 本体部（ボディ）がまだ重い』 対策案 2『スチール型素材を削減し、軽量合金やプラスチック系素材の採用』 ↓ 原因 3『電源コードが重い』 対策案 3『電源コードの小型化と長時間持つ充電池の開発へ ↓ （最終結論） 『使える対策案から実行して少しずつ軽量化を図っていく』	（解決の糸口）目的追求思考（VE） 『パソコンを軽量化する目的は何か？』 ↓ 目的：『パソコンの運搬を楽にするため』 ↓ 『パソコン運搬を楽にする目的は何か？』 ↓ 目的：『(主に) 出張先でのパソコンの使用を促すため』 ↓ 『出張先でパソコン使用を促す目的は何か？』 ↓ 目的：『(主に)メールのやり取りを行うため』 ↓ 目的達成の対策案 『出張時ではスマートフォン持参で十分ではないか』 （パソコンの軽量化は本質的問題ではない）

メンバーの出身部門によって変わってくる。

　この事例の場合は、開発設計上の問題により近いテーマなので、機能的アプローチである VE 思考のほうが、より満足度が高い解決に至る可能性が高いといえるだろう。

　つまり、この事例は「設計タイプの問題」として扱うほうが、より本質的な問題解決に至るケースであり、機能的アプローチの VE のほうがより適している印象が強いということである。通常、設計タイプの問題は、新製品開発に代表されるように、製品構造が定まっていない段階からスタートするケースが多いので、マーケティング活動によって、市場（顧客）の要求事項を把握する活動は非常に重要である。そして、この要求事項をもとにして、「製品として備えていなければならない機能は何か？」という観点から機能を明確にして、その機能を達成する最適な製品（手段）を開発していくのである。

　要するに、VE の目的思考という考え方自体は、「開発設計活動に代表される設計タイプの問題解決に最も適した管理技術」であり、VE の適用段階が今日までに、「1st Look VE（製品開発・設計 VE）」、そして、「0 Look VE（製品企画 VE）」というように、製品ライフサイクルの上流段階へと広がってきたのも、VE の基本思考からすれば当然だといえよう。

　なお、第 3 部では、従来の VE をイノベーション活動に関連づけて、他の管理技術――特に TRIZ（トゥリーズ）手法――も積極的に活用した「New 0 Look VE（次世代製品企画 VE）」や「New 2nd Look VE（ニュー製品改善 VE）」の具体的な進め方について紹介する。

2　VE の定義　〜VE という管理技術の体系的理解のために〜

　前述したように、VE は設計タイプの問題解決（製品開発活動など）に有効な管理技術であるが、本節では「VE の定義」を通して、VE の本質をさ

らに深く理解していきたい。

> 【VEの定義】
> VEとは、**最低のライフサイクルコスト**[1]で、**必要な機能を確実に達成する**[2]ために**製品やサービス**[3]の**機能的研究**[4]に注ぐ**組織的努力**[5]である。

この定義文にある5つのキーワード（太字の斜体文字）は、VEの本質をより正しく理解するうえで欠かせない用語である。

（1） 最低のライフサイクルコスト──顧客本位の経済センス

人間に一生があるように、製品やサービスにもそれぞれ誕生から廃棄に至るまでの一生がある。これをライフサイクルといい、あらゆる対象にあてはめて考えることができる。ある製品を前提にしてライフサイクルの各ステージを考えてみよう。

製品はまず、顧客（市場）の要求を受けて、その製品としての一生が始まる。この要求とは、顧客要求機能すなわち製品の持つべき機能のことであり、企画、開発設計、調達、製造という各段階を経て、製品として具現化される。そして、この製品は顧客に販売され、使用され、保守段階を経て、最終的には製品としての寿命を迎えて廃棄される。

この一連の流れの中でかかったすべてのコストの合計をライフサイクルコストと呼んでいる。このライフサイクルコストもその発生場所という観点から見ると、①製品が企業側にある段階で発生したコスト（企業からみれば製造コストだが、顧客から見れば企業の利益分も加算した取得コスト）と、②顧客側にある段階で発生したコスト（顧客から見て使用コスト）、の2つに分けることができる。

つまり、VEは、顧客に渡ってから発生する使用コストも含めてコストを

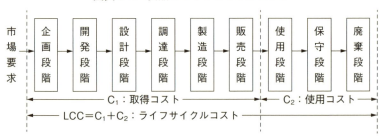

図表3-4 製品のライフサイクルコスト

最小にしようという目標を掲げており、単に生産者側のコストが低減できればよいという安直な発想ではないのである。そのため、「VEとは顧客本位の経済センスが求められる手法」といえる。

日本にVEが導入された当初、VEは単なる原価低減手法であって、「VEを実施すると安かろう悪かろうに陥る危険性が高い」との感想を持った人もいたらしい。そのような誤解を防ぐためにも、この定義のキーワードを正しく理解する必要がある。

なお、一言つけ加えるならば、生産者の視点だけで"原低(原価低減)活動"に血眼になると、顧客の手に渡った後、クレーム対応という形で"原低以上のコストアップ"を招く恐れがあり、結局は「ライフサイクルコストのアップ」につながる、ということを肝に銘じておくべきであろう。

(2) 必要な機能を確実に達成する──顧客本位の技術センス
① 顧客本位の発想と企業本位の発想

製品やサービスは、当然のことながら、その製品やサービスをほしいと思う顧客がいて初めて具体化する意義が生まれる。しかも、その製品やサービスを顧客がほしいと思うのは、その製品やサービスに備わっている働き(機能)に対してであって、決して、「製品=物理的な構造体」や「サービス=表面的な様式」自体に対してではない。製品であれサービスであれ、企業が商品(製品やサービス)開発をスタートする際には、最初に「顧客が望んで

図表3-5　機能と構造の関係

企業本位の発想	機能＜構造・形式	構造体や形式から発想して、結果的にどんな機能が達成できるかを後づけする。このやり方だと、過剰多機能型商品やデザイン偏重型商品にすり替わる危険性が高い。
顧客本位の発想	機能＞構造・形式	あくまで顧客が望む機能から発想して、結果的にどんな構造体や形式が選択されるかが決まる。真に顧客満足度の高い（価値の高い）製品やサービスになる可能性が高い。

いる機能は何か？」という観点は絶対に欠かせない。

　しかしながら、実際には激しい企業間競争の中で、企業本位の発想から「過剰多機能型商品」や「デザイン偏重型商品」を誕生させてきたという事例も散見される。事実、バブル経済華やかし頃には、そのような商品が数多く市場に出回っていた。このような現象が生じた最大の理由は、激しい企業間競争の中で、「他社製品の表層的な特性」、つまり、目に見える表面的な構造上の特徴にばかり目を奪われ、顧客が本当に望んでいる機能が目に入らなかったからである。

　「他社がこんな形の製品だったら、わが社はこの部分にもう1つこんな"形（オプション）"を追加すればよいのではないか」

　こんな安易な構造体思考の発想（物本位の発想）で追加した形の背後に存在する機能が、後づけで決まっていく現象が、当時の製品には多く見られたのである。

　つまり、「機能＞構造・様式」ではなくて、「機能＜構造・様式」の思考に偏った商品開発が行われていたことになる。

② 「必要な機能」とはどのようなものか

　以上のことから、「必要な機能」とは、あくまでも「顧客が望んでいる機能」のことであり、決して設計担当者の一人よがりで必要だと思い込んだ機能（多くの場合、ある製品の構造体を前提にして、後づけ的発想から追加し

たような機能）であってはならない。

　必要な機能は、「顕在的要求機能」と「潜在的要求機能」に分けられる。顧客が現時点で明確に欲している場合は顕在的要求機能と呼び、顧客が明確に意思表示していないものの、社会環境的に要求度が高まりそうな機能を潜在的要求機能と呼ぶ。特に、後者の要求機能に関しては、第3部の「New 0 Look VE（次世代製品企画VE）」で触れることにしたい。

　また、従来からVEでは、機能を「使用機能」と「貴重機能（魅力機能）」の2タイプに分類しているが、筆者は製品領域の多様性を考慮して、使用機能を「ニーズ機能」と「ウォンツ機能」に、貴重機能を「アートデザイン機能」と「レター機能」に細分化し、顧客にとっての必要な機能を詳細に把握することを提唱したい（図表3-6参照）。

　ウォンツ機能は、顧客の満足度を確実に高めて、すべての顧客にとって必

図表3-6　各機能（顧客の要求機能）の特徴

使用機能	ニーズ機能	直接的な貢献をする実用上の機能の中で特にその製品の根幹に関わる機能 Ex. スマートフォン 「（移動中の）音声による情報伝達を可能にする」 「Eメールやメッセージによる情報伝達を可能にする」 「写真を撮る・撮った写真を送受信する」など
	ウォンツ機能	ニーズ機能以外の実用上の機能でより一層の顧客の満足度アップに貢献する機能 Ex. スマートフォン 「好きなAPPをダウンロードする」 「好きなAPP（ゲーム）を行う」など
貴重機能	アートデザイン機能	その製品をより一層所有したいと思わせるデザイン面（色、形、質感など）の貴重機能であり、顧客の視覚にアピールする機能 Ex. スマートフォン 「薄型でスマートな形状」「明るくカラフルなケース」など
	レター機能	その製品を一層欲しいと思わせるネーミングやキャッチフレーズ面での貴重機能であり、主に顧客の聴覚にアピールする機能 Ex. スマートフォン iPhone6など

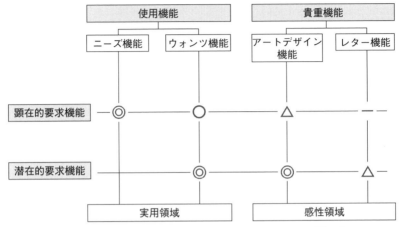

図表3-7 多様な機能概念の関係図

(注) ◎：関連性が極めて大きい　○：関連性が大きい　△：関連性がある

要なファンダメンタルな機能としての認知が高まると、ニーズ機能に移行するケースもあり得る。

なお、使用機能は実用領域の機能であり、貴重機能は感性領域の機能ともいえるので、先ほど言及した顕在的要求機能や潜在的要求機能との関わり具合を各機能と絡めて整理すると、**図表3-7**のようになる。

③ 顧客本位の技術センス

次に、「必要な機能を確実に達成する」という意味であるが、これは顧客が望んでいる機能（主に使用機能）に関わる技術的な仕様（品質特性値）を適確に設定して、その仕様を確実に満足させようという意味である。この場合の技術的な仕様とは、主に性能（機能の達成程度）である。これを具体的に展開すると、①信頼性（機能達成の持続性）、②保守性（機能達成に向けた修復のしやすさ）、③安全性（機能達成に向けたネガティブ要因の低減）、④操作性（機能達成に至るプロセスの扱いやすさ）などが考えられる。

顧客は本来、一部の個別受注製品を除いては、技術的な仕様にまで細かな

要求をしてくることはない。むしろ、顧客は技術的な要求を詳細に提示する能力を基本的には備えていない、といったほうが正確だろう。ゆえに、企業は定性的なイメージレベルにとどまっている顧客の望む機能を技術的な仕様に置き換えて、その技術基準を確実にクリアしていくことが最大の使命になる。つまり、「VEとは顧客本位の技術センスが要求される手法」でもなければならないのである。

④ QFD（品質機能展開）

なお、このような思考で顧客要求を把握する手法として、VEの他には、QFD（Quality Function Deployment）の略称で呼ばれる品質機能展開も知られている。

特に、現在のような「生活者優先社会」では、生活環境の保護という観点からの技術基準の設定も重要であり、それを確実にクリアしていかなければならないだろう。

例えば、低燃費に適応したハイブリットカーや電気自動車、その先には究極のエコカーといわれる燃料電池車などの開発例をあげることができるだろう。

さらに、「使用済み製品の不法投棄問題」などは、今では「企業の社会的責任」として経営上の問題にまでなっている。そこで、最近では、電化製品なども単に廃棄してスクラップ化するのではなく、古い製品を回収して部品をリサイクルさせる製品開発体制を採用する企業も増え続けている。そのため、現在では、3R活動の推進（図表1-5参照）は企業活動の常識になりつつある。このような背景には、企業サイドが、ライフサイクルコストの大幅なコストアップを防ぎ、顧客本位の経済センスを維持しようという意識の表れとみなすこともできるだろう。

したがって、①最低のライフサイクルコストで、②必要な機能を確実に達成する（廃棄処分やリサイクル設計に関する対策も含む）——ことが企業の

使命であり、この2つのキーワードは表裏一体的な関係になっていることを忘れてはならない。

（3） 製品やサービス――多岐にわたるVEの適用対象

VEの適用対象は、その領域を大きく2つに分けて考えることができる。1つはハードウエア、もう1つはソフトウエアである。VEの定義上の製品とは、ハードウエア領域を意味しており、製品自体はもちろんのこと、製品をつくるために必要な材料、部品、治工具、生産設備などもすべて含まれることになる（**図表3-8参照**）。

一方、サービスとは、ソフトウエア領域を意味しており、サービス業務はもちろんのこと、物流システム、業務組織、作業、工程システム、アプリケーションソフト、コンテンツ開発などもすべて含まれることになる。

最近は、建設業界でもVEが盛んだが、施工改善VEで工期短縮をめざす活動も、サービス（ソフトウエア領域）VEの一部だといってよい。

図表3-8　VEの対象分野

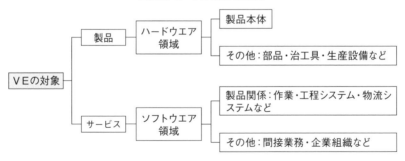

（4） 機能的研究――VEの実践的な問題解決プロセス

VEには、「機能的研究」と呼ばれる「問題解決プロセス＝VEP（Value Engineering Process）」があり（**図表3-9参照**）、この問題解決プロセスに準拠したVEの具体的な実施手順である「VE Job Plan」に従ってVE活動

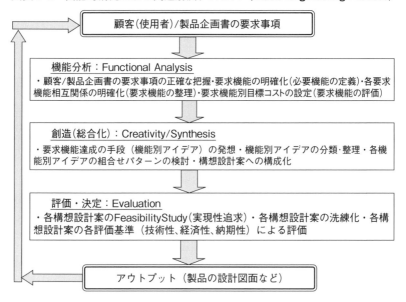

図表3-9 機能的研究による問題解決プロセス (Value Engineering Process)

を進めていくことになる。

　企業の新製品開発においても、基本的にはこのVEPを繰り返すことによって、設計アウトプットを適切に洗練化していくことが可能になる。つまり、VEPを基本に据えて、概念設計から基本設計、そして、最終的には詳細設計へと効率的に設計活動を展開するわけである。

　なお、VE活動には前述したように、その適用段階に応じて「2nd Look VE(製品改善VE)」や「1st look VE(製品開発・設計VE)」あるいは「0 look VE(製品企画VE)」といった呼称もあるが、いずれの場合もVEPが活動の基本型になる。したがって、VEの適用段階の違いとは、別の言い方をすれば、既存製品の改善設計活動なのか、新製品の新設計活動なのかということであり、設計活動の本質は変わらない。そのため、VEPの考え方を正しく理解することが最重要である。

図表 3-10　適用段階別の VE 活動

【0 look VE（製品企画 VE）】
顧客が「何を要求しているか」「何に価値を認めるか」を正しくとらえ、それらの要求を満たす企画内容であるか決める過程での VE
【1st look VE（製品開発・設計 VE）】
企画書の内容をもとに、達成すべき機能と目標コストを満足させる価値の高い基本構想案を創造して、最終的に詳細設計図に洗練化するまでの過程での VE
【2nd Look VE（製品改善 VE）】
現在、製造され市場にでている製品の果たすべき機能を再認識し、その機能をもとにして、より価値の高い代替案（あくまでマイナーチェンジ案として）を作成する過程での VE

図表 3-10 は、適用段階別の VE の呼称とその概要を示したものである。

（5）　組織的努力——TFP 活動の実践

　組織的努力という言葉からも明らかなように、VE 活動は原則的に個人レベルで実施するのではなく、各分野の専門家（製品企画、開発設計、生産技術、製造、購買、原価管理、品質管理など）がプロジェクトチームを組んで活動するのが基本である。プロジェクトチームは、製品企画部や開発設計部などといった通常の組織から完全に抜け出して、「TFP（Task Force Project）」で活動することが大前提になる。

　TFP は、本来は軍隊用語であり、ある特定の作戦（問題）を解決するために、一指揮官のもとに各部門からその道の専門家を集めて臨時組織を編成し、問題を解決したら解散する形態のことを意味している。これを VE 活動にあてはめるならば、「ある特定の作戦＝新製品開発など」に該当し、「指揮官＝PL（プロジェクトリーダー）」ということになる。

　しかし、TFP 形式の活動を成功させるには、PL（プロジェクトリーダー）の能力に負っている部分がかなり多いうえに、プロジェクトチームが活動しやすいように、まわりの支援体制の確立も必要不可欠であることを忘れてはならない。

図表 3-11　VE の定義の体系図

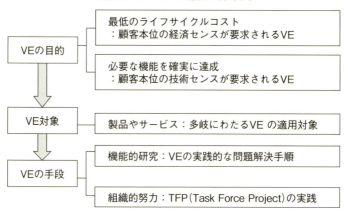

（6）　VE の定義のまとめ

　VE の定義にある 5 つのキーワードを正しく理解することによって、VE という管理技術を体系的に理解することが可能になる。つまり、「製品やサービス」といった VE テーマに対して、「最低のライフサイクルコストで必要な機能を確実に達成」していくことが VE の目的であり、そのための手段として、「機能的研究」や「組織的努力」が欠かせないということである。

3　VE における"価値"とは
〜価値の概念式と代表的な 5 つの概念〜

（1）　価値の概念式

　VE の定義には価値という言葉が一切出てこないが、「最低のライフサイクルコストで必要な機能を確実に達成する」という VE の目的が、価値と同義語になっている。

　つまり、価値の概念式は、$V = F/C$（V：Value、F：Function、C：Cost）であり、VE の価値については、機能とコストのバランスで示される。この概念式を VE の目的に対応するキーワードで示すと次のようになる。

図表3-12 代表的な価値の概念

① 希少価値	この世に絶対的な数が少なく入手困難な対象に当てはまる考え方で、対象の希少さをもって生ずる価値概念である。例えば、古美術品、古い貨幣、古い切手など。
② 交換価値	今自分が所有しているものと、他人が所有しているものとの比較で、それぞれの所有者がお互いにそのものを交換してもよいと感じることによって生じる価値概念である。例えば、古来から存在する物々交換や、最近ではプロ野球のトレードなどがあてはまるだろう。
③ コスト価値	製品を生産して売るために投入したコストの分だけ値打ちがあるという価値概念である。製品を作ったり提供したりするためには、材料費、労務費、販売促進費などのコストがかかる。さらに先端技術を活用した製品開発には初期開発投資が莫大にかかるケースも多い。つまり、製品開発には多くのコストが投入されているから、それだけの価値があるという考え方である。
④ 使用価値	使用者が製品の持っている効用を有益だと認めて満足を感じるときに生じる価値概念である。製品が使用者の実用的な要求を満たす場合に、その価値があるとする考え方である。
⑤ 貴重価値	製品の持っている特性の中で、色や形や質感といったデザイン的要素やネーミングなどのブランド的要素に対して、使用者が魅力を感じるときに生じる価値概念のことである。その製品を手に入れたい、所有したいと使用者が魅力を感じる場合に、その価値があるとする概念である。

$$V = \frac{F(Function) = 得られた効用の大きさ：必要な機能を確実に達成}{C(Cost) = 支払った費用の大きさ：最低のライフサイクルコスト}$$

価値とは、もともと相対的な概念であり、人の立場や状況の変化、時間の変化や場所の違いなどによって異なってくる。したがって、価値概念にはいろいろな種類があって、各種各様の解釈が存在する。例えば、希少価値、交換価値、コスト価値、使用価値、貴重価値などが一般的に知られている（図表3-12参照）。

（2） 使用価値と貴重価値

VEの場合、価値の概念式からも明らかなように、機能とコストとのバランス向上という観点から価値保証をめざす管理技術なので、VEで対象とす

る価値は、使用機能に対応した「使用価値」と貴重機能に対応した「貴重価値」の２タイプが存在する。つまり、顧客が商品（製品やサービス）に対して感じる満足度が、使用価値と貴重価値の合計（あくまでも概念上のこと）で示されることになる。

　使用機能（ニーズ機能とウォンツ機能）は製品やサービスの実用領域の機能であり、通常の商品（工業製品や通常のサービス業など）には、必ず存在する機能である。一方、貴重機能（アートデザイン機能とレター機能）の場合は、その商品をいっそう所有したいと思わせるデザインやネーミングなどのプラスアルファの感性領域の機能なので、消費財関連の商品に相対的に多く備わった機能と思われる。

　ラディカル型イノベーションをねらうような次世代型商品の場合は、提案初期においてはその新規性が顧客にアピールし、顧客の所有願望を高める効果が期待できる。そのため、ウォンツ機能に絡んだ使用価値の向上は言うに及ばず、新規のアートデザイン機能によって貴重価値を高めることも重要なポイントとなる。

　しかし、その反面、ウォンツ機能は過渡的な機能ともいえ、一時のブームだけで消滅する場合もある。バブル経済全盛期にはそのような製品が多かったが、前述したように、顧客にとって必要性が高まると、必然的にニーズ機

図表3-13　商品区分別の価値

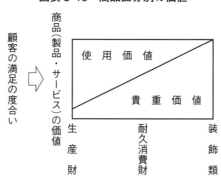

能に移行することもあり得るので、このことも忘れてはならない。

また、貴重機能の１つであるレター機能は、狭義的には純粋に商品のネーミングやキャッチフレーズを意味しているが、広義に捉えるとレター機能の中には、顧客の所有願望を左右する、企業が築き上げてきたブランドイメージなどの「社会的信頼度」も含まれている。そのため、どんなに使用機能オンリーの商品（主に生産財領域の製品）であったとしても、その商品を提供している企業にブランドイメージが存在する限り、顧客に対して貴重価値（特にレター機能）も少なからず提供しているとみなすのは自然である。

逆にいえば、生産財領域の製品をつくっている企業をはじめどんな業種の企業でも、「常に顧客志向の製品やサービスの開発を試み、企業の社会的信頼度を高めていくのは当然の責務」なのだから、「企業のブランドイメージ」を高めるのは当然の行為である。

4 VEPとデザイン思考

商品（製品やサービス）の開発・設計活動は、顧客の満足が期待できる商品を企画して、「詳細設計図」をアウトプットするまでの範囲（一度生産された製品の再設計も含む）である。詳細設計図とは、例えば、サービス領域では、ソフトウエアにおける稼動プログラムやアルゴリズム、サービス産業における具体的なマニュアルなどがそれに対応する。この一連の開発・設計活動を合理的に進めるためには、図表3-9に示したVEP（Value Engineering Process）を繰り返し着実に実施して、設計アウトプットを詳細設計図レベル（最終提案図）まで洗練化する活動を行う。

（1）　開発・設計活動とデザイン・レビュー

① デザイン・レビュー活動

開発・設計活動の中でVEPを繰り返すことによって、設計アウトプット

も洗練化されていくわけだが、洗練化の過程でタイミングよくデザイン・レビュー（DR：Design Review，設計審査）を実施していかなければ、価値の高い製品やサービスの実現は難しい。デザイン・レビューとは、「設計アウトプットの洗練化の節々で、企画部や開発設計部以外の各部門（生産技術、製造、品質管理、資材、営業など）から設計アウトプットに対する前向きな改善提案（不安箇所に対する対策案など）をしてもらい、価値の高い製品の実現に役立てる一連の組織活動の体系」である。したがって、少なくともデザイン・レビュー実施時点で、その企業の総力が設計アウトプットに確実に反映されていなければならない。

このように、デザイン・レビュー活動は、設計技術者と他部門との協調が大前提であり、VEを適用して開発・設計活動を円滑に進めていくうえで、必要不可欠な企業の組織的な設計支援活動だといってよいだろう。

② デザイン・レビューの適用段階（実施回数）

デザイン・レビューは、一連の開発・設計活動の中で何回行えばよいのだろうか。これは本来、プロジェクトの重要性やその規模などによって決まるものであり、絶対的な必要回数が決まっているわけではない。しかし、1プロジェクトを通して行うデザイン・レビューは、少なくとも、開発・設計活動の早い段階と、ある程度詳細設計が進んでからのものと複数回組み合わせて行う必要があるだろう。標準的な開発・設計活動（新商品の企画活動から開発・設計活動の範囲）の流れで考えれば、概ね4回程度（DR-1〜4）のデザイン・レビューを行うことになると考えられる。

図表3-14は、開発・設計活動の基本フローとデザイン・レビューの位置づけを示したものである。DR-1は「企画段階のデザイン・レビュー」、DR-2は「概念設計段階のデザイン・レビュー」、DR-3は「基本設計段階のデザイン・レビュー」、DR-4は「詳細設計段階のデザイン・レビュー」である。

当然、プロジェクトの規模が大がかりで重要度がより高いものに関しては、

図表3-14 開発・設計活動の基本フローとデザイン・レビュー（DR）の位置づけ

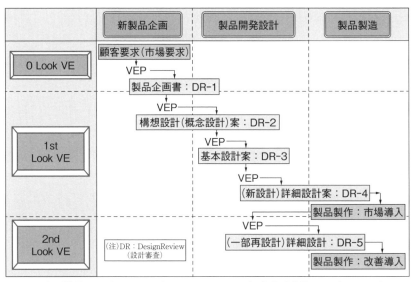

DR-1：企画段階のデザイン・レビュー　　DR-2：概念設計段階のデザイン・レビュー
DR-3：基本設計段階のデザイン・レビュー　DR-4：詳細設計段階のデザイン・レビュー

DR-3とDR-4間でデザイン・レビューを追加して行う場合もあるだろう。逆に規模の小さなプロジェクトの場合は、DR-3とDR-4を兼ねて行うことも十分考えられる。しかし、DR-1とDR-4に関しては、それぞれ「商品企画内容」を決定・承認する段階と、「生産移管」を行う段階に対応してくるので、どのようなプロジェクトであっても絶対に省略してはならない。次に、その理由を説明しよう。

③ DR-1とDR-4の重要性

DR-1では、営業部門、企画部門、開発・設計部門との相互理解のもとで、製品コンセプトや製造許容原価、そして、主な設計品質（主な品質特性値＝主な技術的基本仕様）を設定しなければならない。さらに、下流部門（特に製造や資材・購買部門）との相互調整によって、適切な開発工数・日程を決

めなければならない。つまり、その後のプロジェクトの成否に重要な影響を与えるデザイン・レビューになる。

一方、DR-4 は、試作機なども作成しながら生産移管をスムーズに行うために開く最終のデザイン・レビューであり、設計技術部門、製造や生産技術部門、資材・購買部門との十分な意思の疎通を特に図らなければならない。つまり、製品の量産製造段階で大きな問題の発生要因を事前に解決するという使命を担っているわけである。DR-4 の目的は、つくりやすさという観点から、製造現場に配慮した設計図面（生産設計レベル）に洗練化することにある。

なお、その他の段階のデザイン・レビューも当然ながら重要なわけだが、設計活動の最初と最後に位置づけられる DR-1 と DR-4 の目的を正しく理解していないと、その間のデザイン・レビューは単なる数合わせの活動に陥ってしまうということを肝に命じないといけない。

（2） 開発・設計活動と適用段階別の VE 活動
① 各段階における活動内容

「0 look VE（製品企画 VE）」と「1st look VE（製品開発・設計 VE）」は図表 3-14 からも明らかなように、新製品開発活動そのものである。なぜならば、「0 look VE」の実施は、新製品開発活動のスタート時の価値ある新製品企画（書）の立案活動にほかならないし、DR-1 で企画内容が承認された後は、「1st look VE」を通して企画内容の具体的な検討を行い、価値の高い設計案の創造活動に入るからである。

また、「0 look VE」は、その活動手順の中で、マーケティング的手法を活用して、「顧客層、プロダクトコンセプト、売価など」を決定していくような側面もあるので、「マーケティング VE」と呼称される場合もある。

それに対して「2nd Look VE（製品改善 VE）」は、一度出荷した既存製品に対して、その後の市場要求の変化に合うように製品改善を行っていくた

めの VE 活動である。特に、既存製品に対する市場要求は、コストダウン要求に集中する傾向が強いため、「2nd Look VE」は、「コスト低減型 VE」の色彩が強くならざるを得ないが、あくまでも製品機能（品質）を保証したうえでの「合理的なコストダウン＝ライフサイクルコストの低減」であることを忘れてはならない。

② ラディカル型イノベーションにおける VE 活動——TRIZ の活用

日本のモノづくり産業では、従来からコスト重視の姿勢を維持してきたが、最近では、「次世代型商品の開発＝ラディカル型イノベーション」の必要性が高まっている。この辺りの事情は、すでに第 1 章の「日本のモノづくり産業の変遷」で述べたとおりである。

そこで、本書の第 3 部では、「開発・設計活動の合理的アプローチ法＝0 look VE & 1st look VE」を洗練化した「イノベーション創造型 VE＝New 0 look VE & 1st look VE」について提案する。また、「製品設計の見直しによる合理的なコストダウン手法＝2nd Look VE」に関しても、その合理性をさらに追求した「製品設計の見直しによる合理的なコストマネジメント手法＝New 2nd Look VE」について紹介する。

具体的にいえば、第 4 章で紹介する、革新的なアイデア発想に効果的であるとされる TRIZ（トゥリーズ）を各 VEP の創造（総合化）段階に取り入れて、より効果的な VE 活動を可能にするアプローチ法を提案するというものである。

（3） VEP の背景にあるデザイン思考

VEP（Value Engineering Process）を着実に繰り返すことで、価値ある設計アウトプットが効果的にアウトプットされることは、本章の第 2 節の「（4） 機能的研究」で言及したとおりである。この VEP は、デザイン思考を効率的に体現した「創造的問題解決プロセス」そのものでもある。という

図表 3-15　デザインプロセス（DP）と VE プロセス（VEP）

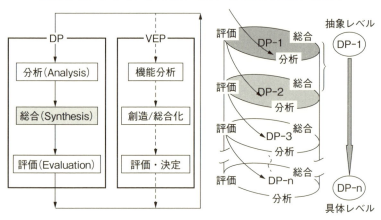

図表 3-16　デザイン思考のコンセプト

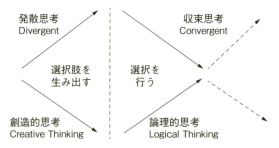

出所：ティム・ブラウン(著)、千葉敏生(訳)『デザイン思考が世界を変える──イノベーションを導く新しい考え方』ハヤカワ新書(2010年)、p.90を参考に筆者が加筆修正。

のも、VEP が指向する創造的問題解決プロセスは、分析（Analysis）、総合（Synthesis）、評価（Evaluation）の 3 段階を確実に繰り返しながら、効率的に設計案を具体化していく「デザインプロセス＝DP（Design Process）」とリンクしており（図表 3-15 参照）、この DP の実践こそが「デザイン思考の体験」そのものだからである（図表 3-16 参照）。

デザイン思考の体験とは、「収束思考」「発散思考」「分析」「総合」という4つの心理状態の間の行き来であり、DPにリンクしたVEPには、その4つの心理状態がすべて備わっている。

図表3-15を見てほしい。DPの「分析」段階は、一連の情報を活用して複雑な問題を論理的思考に基づいて細かく分解し、分類・整理する活動である。これをVEPに対応させると「機能分析」であり、VEの論理的思考（目的・手段の論理）に基づいて、対象テーマ（製品やサービス）が備えるべき機能を詳細に定義し、それらの機能を体系的に整理する「分析（思考）」活動に対応する。

次の「総合」段階では、創造的思考に基づいて、多くのアイデアを創造し、それらのアイデアの総合化によって価値ある選択肢を抽出する活動であり、VEの「創造（総合化）」では、機能本位の発想で数多くのアイデアを発想し、それらのアイデアを組み合わせて、価値向上が期待できる設計候補案に洗練化する「総合化（思考）」活動に対応する。したがって、この段階は「発散思考」の段階である。

最後の「評価」段階では、文字どおり、選択肢を排除して決定を下す活動であるから、「収束思考」の段階であり、VEPの「評価・決定」では、価値向上が期待できる設計候補案の中から、最適設計案を決定する活動に対応する。

これらの内容を概念的に整理すると**図表3-17**のようになる。この図で示しているように、「分析」と「総合」、「収束思考」と「発散思考」を繰り返すということは、「GOとSTOP思考を繰り返す」ことにほかならない。実は、企業で発生する大部分の問題に対して、創造的問題解決プロセスは有効であり、DPの3段階が重要であることは間違いない。したがって、VEに限らずIEやQCなどでも、DPがその背景には存在するはずである。

しかし、IEやQCは前述したとおり、構造的アプローチ（現状肯定型）に基づいた管理技術（図表3-2参照）であるため、おのずと「構造的視点に

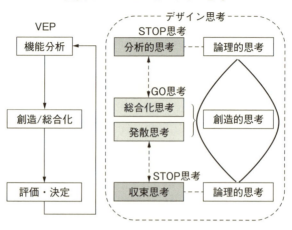

図表 3-17　VEP とデザイン思考

着目した分析手法」や「定量的な評価手法」が重視され、あまり「総合」段階には重きを置いていない。したがって、デザイン思考を意識した管理技術として適切なものは、機能分析アプローチに基づいた VE 等の管理技術[22]ではないかと筆者は考えている。

最近では、デザイン思考の「総合」段階で特に有効な管理技術として、第 4 章で解説する TRIZ に対する期待度が高い。そのほかにも、「公理的設計理論」[23]なども注目されているし、創造的設計工学理論などもデザイン思考とは親和性が高い学問と思われる。しかし、これらの領域は本書のテーマとは直接的な関係がないので、これ以上の言及は控えることにしたい。

---

22) VE 以外の機能分析アプローチに基づいた管理技術としては QFD（品質機能展開）もあるが、本手法は VOC（顧客の声）を品質特性に変換する分析段階に特徴がある。
23) 米国 MIT の教授であった N. P. Suh が提唱した Axiomatic Design の日本語訳であり、The Principles of Design（Oxford Press：1990）にまとめられている。内容的には、公理 1 の独立公理（要求機能がお互いに独立している設計がよい設計）と公理 2 の情報公理（情報量の小さい設計ほどよい設計）から構成される設計理論である。

第4章

TRIZ（革新的問題解決理論）概論

1 旧ソ連で生まれた革新的問題解決理論～TRIZ

　TRIZ は、旧ソ連（現ロシア）で誕生した管理技術であり、創始者は当時旧ソ連の特許審議官であったゲンリック・アルトシュラー（Genrich Altshuller：1926〜1998）である。もともとは、「発明的問題を解決するための理論」を意味する下記のロシア語の頭文字をとって「ТРИЗ」と命名された。これを英語のアルファベットに置き換えると「TRIZ」となり、日本語では通常、「トゥリーズ」と呼称されている。米国では当初、Theory of Inventive Problem Solving と英訳して、その頭文字をとって TIPS（ティップス）と呼ぶこともあったが、現在は通常、TRIZ と呼称している。

Теория	Решения	Изобретательских	Задач
ティオリア	リシェニヤ	イズブレタテェルスキフ	ザダーチ
（理論）	（解決）	（発明）	（問題）
"Theory of the Solution of Inventive Problems" in English			

　筆者は、TRIZ の I にあたる Inventive を「発明的」とは和訳せず、あえて「革新的」という言葉に置き換えたいと考えている。
　その理由は、発明という言葉の一種独特な語感によって、「一部の天才のひらめきによるアウトプット（発明）」といった印象が強調されて、「科学的アプローチによる（創造的）問題・課題の解決」という TRIZ の本質から乖離してしまうことを危惧しているからである。TRIZ とは、企業の抱える問題・課題（特に技術的課題）をより効果的に解決していくための有効な方法論なので、現状打破（ブレーク・スルー）という側面を連想しやすい「革新的」のほうが、TRIZ の本質を伝えるうえでより相応しい表現であるという見解である。

2 TRIZ 誕生の背景とその基本思考
〜技術問題に関わる革新的な解決案を導くための手法〜

（1） 国家による警戒と研究者からの支持
① 辛酸をなめながらの研究

アルトシュラーは 1926 年に旧ソ連のタシケントで生まれ、少年時代から発明の才を発揮して数多くの特許をものにし、その才能が認められて海軍の特許審議官として迎えられた。彼は、特許審議官として何十万という特許事例を分析する過程で、「個々の発明の根底には一定のパターンが潜んでいる」ことを突き止め、1946 年に TRIZ の基本思考を築き上げている。これが TRIZ の始まりである。

この基本思考は、「技術問題に関わる革新的な解決案のほとんどは、過去の発明事例から導いた"各種発明原理や標準解あるいは技術進化のパターン等"から類比的発想で導くことが可能である」という一種の仮説である。

その後、約 40 年にわたってアルトシュラー自身が TRIZ 研究のすべてを主導し、これが 1980 年代半ばに彼自身による TRIZ 研究が終了するまで続く。一説によると、彼自身がこの時期に、TRIZ のテクニカル的な研究が完了したと判断したからだといわれている。

アルトシュラーの研究は、決して、恵まれた環境の中で行われたものではない。彼はスターリン時代に国家体制を批判した容疑で逮捕され、海軍の特許審議官を解任されたほか、1950 年から 1953 年までの間、シベリアの強制収容所に収監されるなど、多くの苦労を味わいながら TRIZ の研究を続けた。最初の TRIZ スクールをバクー（現在はアゼルバイジャン共和国の首都）に設立したのは、1969 年のことであった。

1970 年代に入ると、TRIZ スクールが各地に設立されるようになり、その動きはソ連全土に広がっていった。これは、彼の研究が認められ支持者が増えたことの表れであるが、一方で、国家から睨まれることになり、アルトシ

ューラーとその弟子たちは再び辛酸を味わうことになる。このような状況が続く中、彼自身は 1980 年代半ばに研究を離れるわけだが、その後も非公式ながら TRIZ は受け継がれた。

　TRIZ が公に紹介されるようになったのは 1980 年代も末、ペレストロイカ（改革）やグラスノスチ（情報公開）を行ったゴルバチョフ政権下においてである。1989 年、アルトシュラーを会長とするロシア TRIZ 協会が設立された。1996 年頃になると、日本にも米国経由で TRIZ が紹介されるようになった（認知度は徐々に高まっているものの、QC や VE などに比べて存在感が薄いのも否めない）。

　なお、アルトシュラーは 1998 年、病により、ロシア連邦カレリア共和国の首都ペトロザヴォーツクで 72 年の生涯を終えている。

② 　世界中で研究・導入が進められる TRIZ

　アルトシュラーと弟子たちの研究は、多くの成果を残した。特許事例（旧ソ連・ロシア以外に日・米・欧）の分析だけでも、今日までに約 250 万件に及んでいる。

　現在は、多くの TRIZ 専門家（アルトシュラーの弟子や TRIZ スクールの修了者など）が欧米を中心に、TRIZ 研究者やコンサルタントとして活躍している。EU（主にフランス、ドイツ、イタリアなど）では、European TRIZ Association（ETRIA）が中心となり、TRIZ の実証的研究を活発に行っている。イスラエルや韓国等でも、TRIZ の研究・導入を積極的に行っている。Web 上では、TRIZ ジャーナル等で発表された興味深い TRIZ 事例や論文を探すことも可能である[24]。

　TRIZ は旧ソ連関係国に限定すれば、すでに 60 年以上もの歴史がある。その点では、米国で誕生し日本にも定着した「VE とほぼ同じ成熟度の管理

---

24) The TRIZ Journal Article Archive-by Year　http://www.triz-journal.com/archives/（2015.2.1）

技術である」ともいえる。そこで本書では、一般的に「クラシカル TRIZ」と呼称される、アルトシュラーが開発した TRIZ 手法を中心に、使用頻度の高い手法を VE 活動と絡めて、第 5 章第 1 節で事例を交えながら紹介していく。

（2） TRIZ の問題解決アプローチの特徴

前述の「技術問題に関わる革新的な解決案のほとんどは、過去の発明事例から帰納的に導いた"各種発明原理や技術進化のパターン等"から類比的発想で導くことが可能である」という仮説（基本思考）に基づいて、TRIZ 特有の問題解決アプローチを整理すると、**図表 4-1** のようになる。これは、TRIZ の問題解決アプローチは、"数学的問題（例えば、2 次方程式）を論理的に解いていくプロセス"に類似している点を示唆している。

図中の「特定の問題」には、既存技術システムの"改善"だけでなく、次世代製品の"開発"も含まれる。もっとも、クラシカル TRIZ では、「現状の技術システムの改善問題」に対処する手法が多く、「将来のあるべき技術システムの開発」に対応した手法は「技術システム進化のパターン」だけである（アルトシュラーの初期発表版では、8 パターンしかない）。この技術進化のパターンは、「次世代技術システムの進化すべき方向」を整理するには有効ではあるが、次世代製品に関わる問題把握やアイデア発想に直接役立つ手法には至っていない。

この点を解決するものとして、アルトシュラー以降に開発された「現代版 TRIZ」では、イノベーションと絡めて、次世代型製品に関するアイデア発想に役立つ「マルチスクリーン法」や、対象技術システム（製品）の"伸びしろ"を体系的に整理して、対象製品の改善や次世代製品の開発への"糸口"を与えてくれる「技術進化のポテンシャルレーダーチャート」などが提案されている（第 5 章第 2 節を参照）。

図表 4-1　TRIZ の問題解決アプローチの特徴

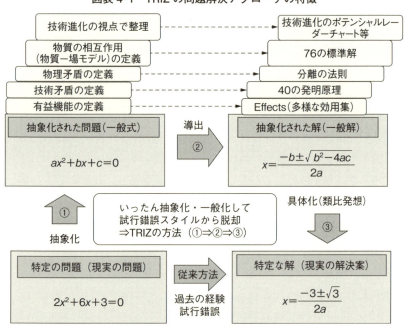

3 | TRIZ の基本思考に関わる特徴

　前述した TRIZ の基本思考に基づいて、より詳細に TRIZ の特徴を考察してみると、概ね 4 項目ほどに整理することができる。
① 革新的解決案に対応する革新的問題とは何かを明確に定義づけている。
　具体的には、TRIZ は特許分析が起点になっているので、特許事例に多く見られる"技術特性間の背反問題"を革新的問題と位置づけて、それらの解決案である特許事例が、革新的解決案であると明確にしたことである。
② TRIZ で解決する革新的問題の革新度がどの程度のレベルなのかを、

企業で直面する問題と絡めて5段階のレベルの中で明確に位置づけている（**図表 4-5** 参照）。
③ ①の革新的問題の定義と絡めて、多くの革新的問題は、業種を飛び越えていずれ異種分野でも出現する可能性が高いという、革新的問題の繰り返し性に言及している。
④ 技術システム（製品やサービス）は、基本的にSカーブ理論[25]に従い、その他にも複数の技術進化のパターンが存在することを示唆した。

これらの特徴を表にまとめたものが、**図表 4-2** である。以下に、それぞれの特徴について解説していこう。

図表 4-2　TRIZ の基本的な特徴

TRIZ の特徴① 革新的問題の定義	TRIZ の特徴② 問題解決の革新の意味とその革新度について	TRIZ の特徴③ 革新的問題の繰り返し性	TRIZ の特徴④ 技術システム進化のパターン
1) 特許事例は、革新的問題の具体的な解決案とみなすことができる。	1) 革新的な問題解決とは抱える矛盾を妥協なく解決することである。	1) 異種分野の革新的問題でも本質的に同類の矛盾を抱えていることが多い。	1) 技術的システムは、基本的にSカーブ理論にしたがって進化する。
2) 革新的問題には1つ以上の"矛盾"が必ず含まれており、その解決方法には現在未知の方法や手段が必要とされる。	2) 問題解決の革新度は独創レベルによって5段階に分類できる。	2) 本質的に同じ解決案が年月を経て、別個に繰返し活用されることが多い。	2) 技術システムの進化パターンは複数の観点から整理することが可能である。

---

25) 技術開発の進展（時間）と製品性能の成長度を示すグラフであり、導入期は、製品性能はゆっくり向上し、成長期で性能向上が大幅にアップし、成熟期で性能向上が逓減し、その後は衰退期に入る。この傾向線がS字に似ているため「Sカーブ理論」と呼ばれている。

（1） 革新的問題の定義

TRIZ では、技術特性が背反する問題を革新的問題と捉えることが多い。背反とは、『広辞苑（第六版）』によれば、「①相容れないこと。くいちがうこと②そむき従わないこと」であるが、TRIZ で扱う背反とは、相容れないという意味であり、特に二律背反を扱うケースが一般的に多い。ちなみに、二律背反とは、広辞苑第六版によれば、「相互に矛盾し対立する二つの命題が、同じ権利をもって主張されること」である。

TRIZ では、この二律背反問題を「技術的矛盾」と呼称している。技術的矛盾とは、ある技術パラメータ A の改善をめざすと別のパラメータ B が悪化する二律背反状態に着目する矛盾である。

なお、TRIZ では、技術的矛盾以外に「物理的矛盾」と呼称される別タイプの矛盾も扱う。この矛盾は、1つのパラメータにおける内部対立的な矛盾であり、ある技術パラメータが目的1では＋の方向だが、目的2では－の方向を要求する背反状態に着目した矛盾になる（図表 4-3 のパラメータ C を参照）。

実際にこのような矛盾を妥協なく解決するために、技術的矛盾の解決法として「技術矛盾マトリックスと 40 の発明原理」、物理的矛盾の解決法として「分離の法則」がアルトシュラーによって開発されている（詳細は第5章を参照）。

図表 4-3 は、この2つの矛盾に関して概念図にしたものである。

（2） 問題解決の革新の意味とその革新度

筆者は、TRIZ で扱う革新的問題の定義とは別に、企業で発生するさまざまな問題を図表 4-4 に示すような概念図で整理した。

結論からいえば、企業で扱う問題には2つのタイプがある。1つは、現状のレベルと達成すべきレベルとのギャップ（隔たり）を解消すべき"問題"（狭義）であり、もう1つは、現状レベルを将来のありたい姿に到達できる

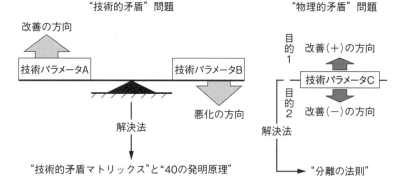

図表 4-3　TRIZ で扱う背反問題としての 2 タイプの矛盾とその解決法

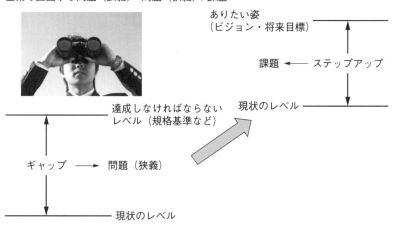

図表 4-4　企業で直面する問題（広義）

ようにステップアップするべき"課題"（広義）である。TRIZ で扱う革新的問題とは、後者の課題タイプを扱うケースが多い。

また、TRIZ では、企業で直面する問題を、解決案の革新度の観点から 5 つのレベルに分類している。**図表 4-5** は、革新度のそれぞれのレベルの定義とそれに対応した簡単な事例を示したものである。

図表 4-5　解決案の革新度の 5 レベル

革新度のレベル	内　容
〈5 レベル〉 発　見	新しい科学の原理・法則の発見など。 Ex. 青色発光ダイオード（LED）の発見
〈4 レベル〉 新概念の構築	技術システムの新世代のコンセプト、主要機能を実現する従来の技術原理と異なる原理に変更する。 Ex.FCV（燃料電池車）など新原理に基づく自動車の開発
〈3 レベル〉 技術システムの革新	技術システムの本質的な革新であり、他の分野の原理・法則の活用による矛盾の解決など。 Ex. 蒸気レス炊飯器のような革新度の高い製品の開発
2 レベル 改善活動 （マイナーな革新）	技術システムに対する改善で、同じ産業内の原理・法則の活用による改善など。 Ex.5S 活動、IE や QC 等による現場の改善活動（シングル段取りの検討など）
1 レベル 明確な解決策	確立された解決案。 その道の専門家の固有知識で検討できる。 Ex. 耐熱性や絶縁性、強度が必要とされる航空部品には熱硬化樹脂を採用

　前述したように、TRIZ では課題タイプの問題を扱うケースが多いので、図表 4-5 の解決案の革新度に対応させると、主に 3～4 レベル（5 レベルも入ると主張する TRIZ 専門家もいるが、本書では、5 レベルを守備範囲外とする）に当てはまる。最近の具体例をあげるならば、3 レベルのケースでは、「最近注目の蒸気レス炊飯器」[26]などがあてはまるだろうし、4 レベルの場合は、「EV（電気自動車）や FCV（燃料電池車）など新原理に基づく次世代型自動車」などが対応するであろう。

　しかしながら、TRIZ は 2 レベルの改善活動でも十分有効なので、守備範囲は意外に広いと筆者は考えている。具体的な展開方法は、VE と絡めて第 3 部で紹介することにしたい。

26）「ヒットの軌跡 jouki-less」、『日経トレンディ』2010 年 5 月号、日経 BP 社、pp.74-77

(3) 革新的問題の繰り返し性

アルトシュラーは、ある分野で出現した革新的問題（技術的矛盾や物理的矛盾など）は、年月を経て異種分野で再度出現する可能性が高いとする、「類似問題の繰り返し性」を膨大な特許分析に基づいて明らかにしている。この類似問題の繰り返し性という大前提から、「技術問題に関わる革新的な解決案のほとんどは発明事例（特許）から帰納的に導いた"各種発明原理や技術進化のパターン等"から類比的発想で導くことが可能である」というTRIZの基本思考が導かれ、「TRIZの問題解決アプローチ」につながっているわけである（図表4-1参照）。

(4) 技術システム進化のパターン

① Sカーブの4つのステージ

アルトシュラーは、技術システムは勝手気まま（ランダム）に発展するのではなく、そこには、一定の進化のパターン（法則）が存在することを、膨大な特許分析の結果から導いている。

最も代表的な進化パターンは、多くの技術システムは、Sカーブ理論に従って進化するという内容である。このSカーブのx軸は時間を表し、y軸は技術システムの最も重要なシステム特性値（性能など）を示すケースが多い。このSカーブ理論はマーケティング領域でもポピュラーであり、マーケティング的視点で見る場合にはy軸に売上を置く場合もある。

Sカーブには大きく分けて、「導入期、成長期、成熟期、衰退期」の4つのステージがあり、技術システムはこのステージを順次歩んでいくことになる。この4ステージをさらに詳細に分類して「妊娠期、誕生期、幼年期、青年期、成熟期、衰退期」の6つのステージで表現する場合もあるが、通常は4ステージで対応させることが多い。

なお、Sカーブ曲線以外にも、TRIZでは独自の観点から技術進化の各ステージを示す曲線が4パターンほど紹介されているので、Sカーブ曲線も含

めて5種類の技術進化曲線の関係を**図表4-6**と**図表4-7**に整理して紹介する。図表では、それぞれの技術進化曲線について、便宜上の名称（技術進化曲線(1)〜(5)）を与えている。

　・技術進化曲線(1)：Sカーブ曲線
　・技術進化曲線(2)：バスタブ曲線
　・技術進化曲線(3)：発明レベル曲線
　・技術進化曲線(4)：特許出願数曲線
　・技術進化曲線(5)：収益性曲線

② Sカーブ曲線とバスタブ曲線の関係

　図表4-6に示しているのは、Sカーブ曲線とバスタブ曲線[27]を対応づけた図である。バスタブ曲線は本来、信頼性工学[28]で紹介されるケースが多いが、ここでは、あくまでも"技術システムの進化"という広義の視点で技術進化直線（1）のSカーブと対応する形で、技術進化曲線（2）のバスタブ曲線を描いている。

　通常のバスタブ曲線は、ある1つの技術システム（例えば、ある機械や道具）を時系列的な観点で経過観察して故障率を示したものなので、x軸を時間、y軸を故障率としたグラフになる。ところが、図表4-6のバスタブ曲線では、y軸を「有害作用」という抽象度の高い項目に置き換え、あくまでも

---

[27] バスタブ曲線（故障率曲線）とは、時間が経過することによって起こる機械や装置の故障の割合の変化を示すグラフのうち、その形が浴槽の形に似ている曲線のことである。最初は初期故障期であり、バスタブの底にあたる期間は偶発故障期になり、この時期は故障が少なく安定している。その後、再度故障が増える時期に入り、摩耗故障期となる。

[28] 信頼性工学（Reliability Engineering）は、故障や故障率を扱う学問である。したがって、対象となる技術システムは機械・ツール（道具）関係が多い。なお、故障に関するテーマは経営危機に直結する可能性が高いので、リスク管理の分野とも関連しているほか、現在はコンピュータシステムの信頼性も扱うようになり、対象領域は広がっている。

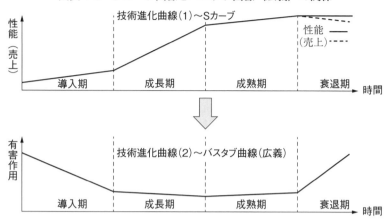

図表4-6　Sカーブ曲線とバスタブ曲線（広義）の関係

技術システムのステージごとの特徴を示す曲線として活用している。これによって、導入期、成長期、成熟期、衰退期ごとの対象システムの特徴を有害作用の視点から把握することも可能になる。

例えば、導入期において有害作用が高い技術システム（製品）の場合、基本性能を達成する新技術がまだ不安定なことを示唆しており、通常のバスタブ曲線の初期故障期に類似する特徴といえよう。

だが、衰退期にある技術システムの場合、それが新品として市場で販売されているものである限り、通常のバスタブ曲線の摩耗故障期の特徴として説明することはできない。なぜなら、衰退期の製品は、市場における社会的要求とのミスマッチ状態が生じ、そのために有害作用が増えると解釈できるからである。その場合、y軸の値（有害作用）がアップに転じることは間違いない。

ごく簡単な例でいえば、現在のIT社会で、かつてのワープロ機器が新品状態で再販売されても、まったく不便益な存在にすぎないはずである。

③ アルトシュラーの技術進化曲線

図表4-7は、Sカーブに対比させて、発明レベル曲線、特許出願数曲線、収益性曲線を描いたものである。これらは、アルトシュラーが発表した独自の技術進化曲線である。

発明レベル曲線は、図表4-5「解決案の革新度の5レベル」に通じる内容である。なお、これらの技術進化曲線の特徴をSカーブの4ステージに絡めて理解すると、大方の技術システムの現時点でのステージや、次のSカーブへの切替え期のタイミングを合理的に把握することも可能になるだろう。

Sカーブ絡みの技術進化曲線以外にも、膨大な特許分析から、他の技術進

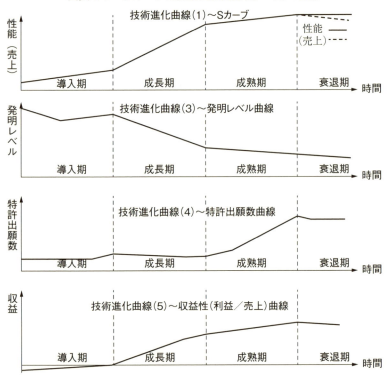

図表4-7　Sカーブと技術進化曲線(3)〜(5)の関係

化のパターンも紹介されているが、これらに関しては第5章で説明することにしたい。

イノベーション創造活動で役立つ管理技術　第2部

第5章

TRIZ手法

本章では、個別の TRIZ 手法について、その手法の考え方や活用方法について紹介する。第1節では、アルトシュラー自身が開発した代表的な TRIZ 手法（クラシカル TRIZ）を基本編として紹介し、第2節では、アルトシュラー以降に開発された TRIZ 手法（現代版 TRIZ）を応用編として紹介することにする。

1 TRIZ 基本編　〜主なクラシカル TRIZ 手法〜

アルトシュラーによって開発された代表的な TRIZ 手法（クラシカル TRIZ）を体系的に整理すると、**図表 5-1** のようになる。この図からわかることは、多種多様な TRIZ 手法も、大きく分類すれば、「既存技術システム（製品や

図表 5-1　クラシカル TRIZ の全体像

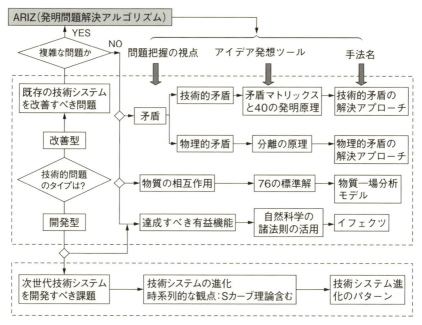

サービス）を改善する視点」と「次世代技術システムを開発する視点」の2系統に概ね集約できることである。

それでは、図表5-1に示した各手法に関して、その特徴や活用の仕方等に関して紹介することにする。

（1） 技術的矛盾の解決アプローチ
——技術矛盾マトリックスと40の発明原理

技術的矛盾の解決アプローチは、「既存の技術システムを改善すべき問題」を扱う際に、最も使用頻度の高いTRIZ手法である。図表5-1に示したように、技術的問題を把握する観点の1つとして「矛盾」の概念を導入しており、特に「技術的矛盾」といった場合には、「ある技術システムのパラメータAを改善しようとすると、別のパラメータであるBが悪化する」状態を示している。このような技術的矛盾を妥協することなく解決するための有効なツールとして、「矛盾マトリックス」が準備されている（**図表5-2参照**）。

なお、具体的な問題を1つの技術的矛盾として再定義（問題の抽象化）するために、アルトシュラーは多種多様なパラメータを「一般化された39のパラメータ」に集約化し、改善する特性も悪化する特性も39のいずれかで対応可能にした（**図表5-3参照**）。したがって、アルトシュラーによって開発された「オリジナル版矛盾マトリックス（1971年版）」は「39×39の正方行列」になっている。

図表5-2から明らかなように、行側が改善すべき特性（パラメータ）で、列側が悪化する特性（パラメータ）に位置づけられる。そして、解決したい技術矛盾に対応した特性の行と列の交わったセルの中には、その矛盾を妥協なく解決するための発明原理が記入されている。

この発明原理は全部で40項目あり、これらの項目自体は、ダレル・マン（D. Mann）らが追加で行った、米国特許15万件の分析結果（1985～2002年）から開発された「新版矛盾マトリックス（Matrix 2003）」でも不変である。

図表 5-2　オリジナル版矛盾マトリックス（一部）

抽象化された解（一般解）　　類比発想　　特定な解（現実の解決案へ）

＜選択された発明原理（一般解）＞
29：空気圧と水圧の利用（流体学）
17：別次元への移行（新次元移行）
38：加速酸化
34：除去再生

＜各発明原理を活用して、定義した技術矛盾解決のための具体的アイデアを検討する。＞

改善したい技術特性 \ 悪化する技術特性	1 移動物体の重さ	2 静止物体の重さ	3 移動物体の長さ	4 静止物体の長さ	5 移動物体の面積	～	22 エネルギーの損失	～	39 生産性
1 移動物体の重さ			15,8 29,34		29,17 38,34	～	6,12 34,19	～	35,3 24,37
2 静止物体の重さ				10,1 29,35			18,19 28,15		1,28 15,35
3 移動物体の長さ	8,15 29,34				15,17 4	～	7,2 35,39	～	14,4 28,29
4 静止物体の長さ		35,28 40,29					6,28		30,14 7,26
∨							∨		∨
39 生産性	35,26 24,37	28,27 15,3	18,4 28,38	30,7 14,26	10,26 34,31	～	28,10 29,35	～	

（注）オリジナル版技術矛盾マトリックス（フルバージョン）は付録として巻末に収録。

図表 5-3　一般化された 39 のパラメータ

1.移動物体の重さ	14.強度	27.信頼性
2.静止物体の重さ	15.移動物体の耐久性	28.測定の精度
3.移動物体の長さ	16.静止物体の耐久性	29.製造の精度
4.静止物体の長さ	17.温度	30.物体に作用する有害要因
5.移動物体の面積	18.明るさ	31.有害な副作用
6.静止物体の面積	19.移動物体の消費エネルギー	32.作りやすさ
7.移動物体の体積	20.静止物体の消費エネルギー	33.使いやすさ
8.静止物体の体積	21.出力	34.直しやすさ
9.速度	22.エネルギーの損失	35.適応性
10.力	23.物質の損失	36.装置の複雑さ
11.張力、圧力	24.情報の損失	37.制御の複雑さ
12.形	25.時間の損失	38.自動化の度合い
13.物体の安定度	26.物質の量	39.生産性

図表 5-4　40 の発明原理

【1. 分割（セグメンテーション）】お互いに独立した複数部分に分ける	【21. 高速実行】有害や危険作業をあえて高速で行う
【2. 分離・抽出】必要な特性だけ取り出す	【22. 災い転じて福となす】ある有害に別の有害で有害を相殺する
【3. 局所的性質】物体の異質な部品に異質な機能を実施させる	【23. フィードバック】フィードバック機能を導入する
【4. 非対称】対象形の物体を非対称の物体に置き換える	【24. 仲介】作用の移転や実行のために媒体物体を活用する
【5. 組合せ】同質的な複数の物体等を空間で組み合わせる	【25. セルフサービス】対象物にサービス自体を実施させる
【6. 汎用性】対象物に多機能を遂行させて必要な他の物体を除去する	【26. 複製】高価で壊れやすく操作性の悪い物体の代わりに単純な複製を使う
【7. 入れ子構造】ある物体を別の物体の空洞の中に置いてみる	【27. 高価な長寿命より安価な短寿命】高価な対象を安価な集合体で置き換える
【8. 釣り合い】対象物の重量を浮力のある別物体に結合させて重量を相殺する	【28. 機械システムの代替】機械式から別の方式に置き換える
【9. 先取り反作用】ある作用の実効のため事前に反作用を考える	【29. 空気圧と水圧の利用】固体部品を気体や液体に置き換える
【10. 先取り作用】事前に対象物の全部か部分に要求されるアクションを実行する	【30. 柔軟な殻や薄膜利用】従来構造を柔軟な薄膜やフィルムに置き換える
【11. 事前保護】事前対策を講じて対象物の低い信頼性を補償する	【31. 多孔質材料】物体を多孔性にしたり、多孔性要素を加える
【12. 等位性】物体の上げ下げが不要のように作業状態を変更する	【32. 変色（色の変化）】対象物やその周辺の色を変える
【13. 逆発想】仕様で指示された作用とは反対の作用を実施する	【33. 均質性】主要物体と相互作用する物体を同質材料でつくる
【14. 曲面】ローラ、ボール、らせんを利用する	【34. 除去再生】機能終了後にその要素の放棄または変更させる
【15. 柔軟性】物体を不動的なものから動的・可変的なものにする	【35. パラメーター変更】物体の状態の集積度・温度を変える
【16. 過小・過剰作用】要求作用を 100 ％得るのが難しい場合、問題を大幅に単純化して幾分多いか少なめで達成できるようにする	【36. 相転移】対象物の相変化中に作成される作用を利用する
【17. 別次元への移行】対象物を単層から多層の組み合わせにする	【37. 熱膨張】熱による膨張または収縮する物質を利用する
【18. 機械的振動】物体を振動させる。振動を超音波に増加させる	【38. 加速酸化】通常空気を濃縮空気に置き換える
【19. 周期的作用】継続的作用を周期的作用に置き換える	【39. 不活性環境】通常環境を不活性な環境に置き換える
【20. 有益作用継続】アイドリングや中間動作を排除する	【40. 複合材料】均質な材料を複合材料に置き換える

しかし、筆者らがその後に開発した「新版矛盾マトリックス」では、この 40 の発明原理を 25 の統合発明原理に集約している。この 25 の統合発明原理の詳細に関しては、第 2 節で解説する。

ダレル・マンや筆者らが開発した、いずれの新版矛盾マトリックスの場合であっても、その使い方に関して本質的な違いはない。各発明原理に関する詳細な説明は、他の TRIZ 専門書に譲るが、各発明原理の項目名と主な特徴（サブ原理の一部）は、**図表 5-4** に整理した。

　なお、矛盾マトリックス表の各セルに配置されている番号が各発明原理の番号に対応しているので、40 の発明原理は技術矛盾の克服に有効なアイデアを創出するためのガイド的役割（いわゆる抽象解）を担っているといえる。

（2）　物理的矛盾の解決アプローチ──分離の法則

　物理的矛盾の解決アプローチは、前項で紹介した矛盾マトリックスに次いで、活用頻度の高い TRIZ 手法である。実は、矛盾マトリックスを活用してある技術的矛盾を解決すること（技術的矛盾の視点）が、"ある時点"では本質的な問題ではなく、むしろ、ある1つのパラメータに限定した「物理的

図表 5-5　技術的矛盾から物理的矛盾への変換プロセスの一例（タブレット PC の場合）

デスクトップパソコン：設置された場所だけ使用するので、本体の重さ（パラメータA）は問題にはならない
↓
ラップトップパソコン：持ち運ぶためには⇒軽くあってほしい（パラメータA）しかし、現状方式では本体の強度が下がりそう（パラメータB）で心配である
↓
2つのパラメータ間の矛盾発生（技術的矛盾の定義）
↓
技術的矛盾の解決の努力：ノートパソコンの開発、さらにはタブレットPCの誕生へ
↓
片方のパラメータAの方が"ある時点"での注目ポイントに！
↓
タブレットPC：出張先に持ち運ぶにはキーボードは存在してほしくない（パラメータ'－C'）が、オフィスで使う場合は、文書作成のためにキーボードが存在してほしい（パラメータ'＋C'）
↓
パラメータCの反対要件の出現（物理的矛盾の定義）
↓
時間による分離の摘用：オフィスで使う場合は、分離式キーボードをつける

矛盾」の視点で問題を捉えることこそが、物事の本質であることに気づくケースもある。このような思考の変換プロセス、すなわち、技術的矛盾から物理的矛盾への変換プロセスについて、簡単な事例に基づいて整理したものが図表 5-5 である。物理的矛盾は、技術的矛盾に比較して定義した時点での問題把握の抽象度が高いため、より本質的な問題の把握につながりやすい。

「物理的矛盾とは同一パラメータが排他的状態（自己対立）にならなければならないとき」のことであり、「あるパラメータ A は存在してほしくないが、同時に存在してほしいなど」がこれにあたる（図表 5-5 参照）。このような物理的矛盾を妥協なく解決するための基本的な観点が"分離"であり、

図表 5-6　主な分離の法則

4つの分離の法則	概　要
時間による分離	ある時は大きい（A）が、別の時には小さく（－A）なる。
空間による分離	ある特性がある場所（空間）では大きい（A）が、別の場所（空間）では小さく（－A）なる。
部分と全体による分離	システム（製品）のレベルではある特性（A）を持ち、部品のレベルでは反対の特性（－A）を持つようにする。
状況による分離	特性値が、ある条件では高く（A）、他の条件では低く（－A）なるようにする。

図表 5-7　ある分離の法則に対応した事例

【事例1】　缶コーヒーの"缶の強度（ツーピース缶）"
缶を運搬して積み重ねるには、缶の上下端部は強度がなければならないが、開閉する前の缶コーヒーは密閉状態が保たれているので、胴体部分はやたら強度がある必要はない。
［空間による分離］　缶のトップとテール部は形状変更（リブなど）で強度を高めるが、缶の本体部分はアルミの薄板状態で十分である。なぜなら、中のコーヒーを密閉状態にすれば十分強度が保てるからである。

【事例2】　連結された車両
連結された車両は、急カーブ等の状況でも確実に運行するためには、連結された車両全体では、柔軟性（フレキシビリティ）がなければならないが、車両の中のお客様の安全を保証するためには、個々の車両は一定の強度（リジット）がなければならない。
［全体と部分による分離］　部分で見ると、個々の車両は一定の強度があるが、全体でみると連結車両（全体）は柔軟性（フレキシビリティ）に富んでいる。

概ね以下の4つの分離の観点（図表5-6参照）が知られている。

なお、物理的矛盾をある分離の原則を活用して解決していると思われる小事例を図表5-7に示す。

（3） 物質─場分析モデルと76の標準解

この手法も「既存の技術システムを改善すべき問題」を扱う際に活用する手法の1つであり、「物質の相互作用」という視点で問題を把握する方法がTRIZ特有で非常にユニークである。しかし、このユニークさが同時に理解の困難さにもつながっているため、一般的に、TRIZの初学者には理解が困難とされる。

この手法では、物質の相互作用を整理するために、技術システムの問題について、あるエネルギーの場（Field）における物質（Substance）どうしの相互作用の発生という観点から、「物質─場トライアングルモデル（Su-Fieldモデルとも呼ぶ）を用いてその状況を示す。このモデルの基本形は、図表5-8に示すとおりである。

なお、このモデルの作成によって、有益機能の不十分さと有害作用の発生

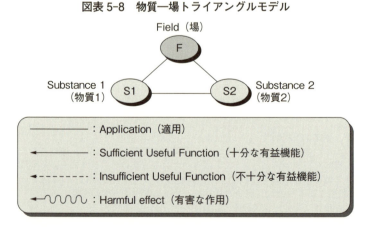

図表5-8　物質─場トライアングルモデル

図表 5-9 物質一場モデルによる相互作用の分析（コーヒー用紙コップのケース）

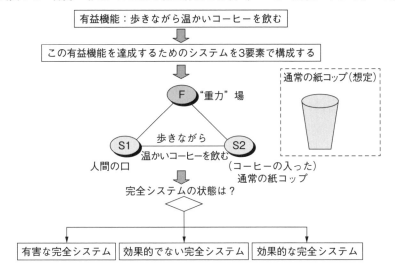

図表 5-10 76 の標準解の概要

76 の標準解	各クラスへの適用内容
クラス1 物質一場モデルの構築や破壊（13個の標準解）	物資一場モデルが不完全な場合や有害作用を及ぼしている場合に適用する。
クラス2 物質一場モデルの効率化（23個の標準解）	物質一場モデルは完全であるが、その効果が不十分な場合に適用する。
クラス3 上位システムやミクロレベルへの移行（6個の標準解）	技術システムの進化のパターンの1つであり、クラス2（物質一場モデルの効率化）の継続的な改善過程で適用する。
クラス4 検出や測定に関する標準解（17個の標準解）	技術システムの検出や測定に関する技術問題の解決のために適用する。
クラス5 標準解適用のための基準と単純化（17個の標準解）	クラス1～4までの標準解の適用で解決案のシステムが複雑化することが想定されるので、解決案のシステムの単純化をめざす際に適用する。

を明確に整理できるので、問題解決の重要な分析ツールになる。コーヒー用の紙コップで、このモデルを使って物質の相互作用を示した簡単な事例を図表 5-9 に示す。

　また、物質―場モデルの観点から、問題解決の方向を示した「76 の標準解」も用意されている（詳細は他の専門書に譲るが、概要は図表 5-10 を参照）。実際の解決案を導き出すためには、最適な標準解を選択してから、そ

図表 5-11　有害な完全システムの解決事例（コーヒー用紙コップのケース）

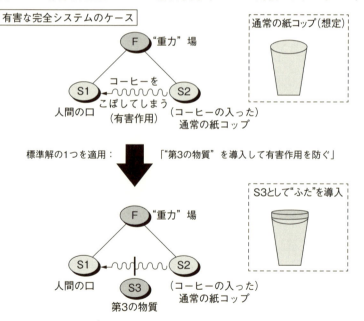

第 5 章　TRIZ 手法

図表 5-12　効果的でない完全システムの解決事例（コーヒー用紙コップのケース）

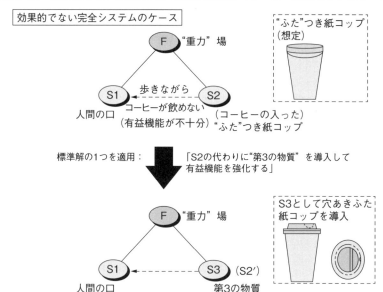

図表 5-13　効果的な完全システムの事例（コーヒー用紙コップのケース）

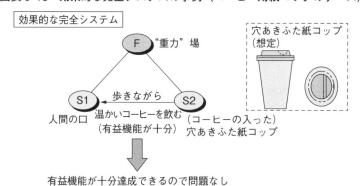

の標準解から現実の問題解決に有効なアイデアを類比発想することになる。比較的理解しやすく、使用頻度も高い標準解を活用して、「有害な完全システム」「効果的でない完全システム」「効果的な完全システム」を示したケースを、コーヒー用紙カップの例を用いて図表 5-11～13 に示す。

(4) イフェクツ（Effects）

この手法は、達成すべき有益機能に着目して、対象とする有益機能を実現するための手段を、業界の固有知識に固執せずに、各種固有技術の基本である物理学、化学、幾何学に関する効果や法則を拠り所にしようとするものである。したがって、達成したい有益機能を定義して、その達成に有効な効用（物理、化学、幾何学等の効果・法則のこと）を見つけて、それらをアイデア発想のヒントとして使う"逆引き辞書"的な使い方が、この手法の基本コンセプトになる。つまり、一種の問題解決の科学的・工学的効果集として活用しようとする手法である。

この手法は、VE の機能本位の発想アプローチに親和性があり、要求機能の定義が正しく実施できた後で、単にブレーンストーミングでアイデア発想するのではなく、イフェクツを活用できれば、利用した効用により裏づけら

図表 5-14　イフェクツのコンセプト

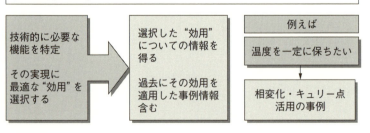

図表 5-15　イフェクツ（Effects）の初期版

達成すべき有益機能	効用（一部）	達成すべき有益機能	効用（一部）
F1：温度を測定する	・熱膨張・ペルチェ効果..	F16：エネルギーを伝える	・機械的エネルギー..
F2：温度を下げる	・相転移・ジュール=トムソン効果.	F17：移動物体と静止物体の相互作用を作る	・電磁場・電磁誘電..
F3：温度を上げる	・電磁誘導・誘電体..	F18：物体の寸法を測る	・発光体・帯電・共鳴..
F4：温度を安定させる	・相転移・熱磁効果..	F19：物体の寸法を変える	・熱膨張・形状記憶..
F5：物体の位置／動きを検出する	・発光体・磁性体・反射・変形・電気放電..	F20：様態・表面の形状を調べる	・放電・反射・発光体・感光性材料・放射能..
F6：物体の動きを制御する	・磁気力・電力・振動..	F21：表面の形状を変える	・摩擦・吸着・拡散..
F7：液体・気体の動きを制御する	・毛細管現象・トムス効果・ベルヌーイの法則..	F22：様態・物体の量を調べる	・ルミネセンス・発光体・磁性体・屈折..
F8：煙霧質の流れを制御する	・帯電・電気の場..	F23：物体の量的特性を変える	・磁性液体・冷却..
F9：混合物を移動する 溶液を作り出す	・弾性波・共鳴・定常波・振動..	F24：物体の構造を作り安定させる	・弾性波・共鳴・定常波・振動・磁場・相転移..
F10：混合物を分離する	・電気の場・磁気の場・遠心力・拡散..	F25：電気の場・磁気の場を検出する	・浸透・帯電・放電・圧電効果・磁気ひずみ..
F11：物体の位置を安定させる	・電気の場・磁気の場..	F26：放射線を検出する	・熱膨張・サーモバイタル・放射スペクトル..
F12：力を作り出し制御する 高圧力を作り出す	・磁気の場・相転移・浸透・熱膨張・爆発..	F27：放射線を作り出す	・放電・発光体・ルミネセンス・光学現象..
F13：摩擦を制御する	・振動・低摩擦..	F28：電磁場を制御する	・放電・磁性体..
F14：物体を破壊する	・放電・共鳴・振動..	F29：光を制御する	・反射・屈折・吸収..
F15：機械的・熱的エネルギーを溜める	・弾性変形・遠心力・相転移..	F30：化学変化を起こし強化する	・弾性波・共鳴・振動..

れたより質の高いアイデア発想が期待できる。さらに、業界の固有知識に固執して、心理的惰性に陥る危険性を回避する効果も期待できる。イフェクツのコンセプトは、図表 5-14 に示すとおりである。

なお、アルトシュラーが体系化した初期版のイフェクツを図表 5-15 に示す。

（5） 技術システム進化のパターン（初期版）

次世代技術システムの開発のような、"将来のあるべき姿"に向かってス

図表 5-16　アルトシュラーによる技術システム進化の 8 パターン（初期版）

```
① 理想性増加の法則
   (Law of Increasing Ideality)
② システムパーツ完全性の法則
   (Law of Completeness of Parts of a System)
③ システムでのエネルギー伝導性の法則
   (Law of Energy Conductivity in a System)
④ リズム調和性の法則
   (Law of Harmonization of Rhythms)
⑤ システム要素の不規則な進化の法則
   (Law of Uneven Development of Parts)
⑥ 上位（スーパー）システムへの移行の法則
   (Law of Transition to a Super-system)
⑦ マクロからミクロへの移行の法則
   (Law of Transition from Macro to Micro Level)
⑧ 物質―場の完成度増加の法則
   (Law of increasing Substance-Field Involvement)
```

テップアップしていく課題の設定に役立つ TRIZ 手法である。具体的には、次世代技術システムのような未来ビジョンを設定するために、時系列的な観点から構成された複数の「技術システム進化のパターン」を活用することになる。

　技術システム進化のパターンとは、数多くの技術システム（製品）は、決して偶発的に進化（進歩）していくわけではなく、「ある一定のパターンに従って進化していくという"一種の経験に基づく法則（empirical low）"」を示したものである。これらの進化パターンは数多くの特許分析から帰納的に導かれたものであり、アルトシュラーが初期に発表した技術進化のパターンは、8つほど知られている（**図表 5-16 参照**）。

　この進化パターンの発表以降も、アルトシュラーの弟子や TRIZ 専門家によって特許分析は継続したので、追加発表もあり、現在までに 30〜40 程度の進化パターン（トレンドと呼ぶ場合もある）が知られている。しかし、本節では、この 8 つに限定して紹介する。

図表 5-17 理想性向上のパターン

$I(Ideality) \dfrac{\Sigma UF_i}{\Sigma HF_j}$	⇧ ⇧ ⇨ ⇧	⇒∞	=IFR
	⇩ ⇨ ⇩ ⇧	⇒0	

① 理想性増加の法則

技術システムは、「理想性（Ideality）」の程度を高める方向で進化する。理想性とは、システムの「有益機能（Useful Function：UFi）」の合計を、そのシステムの「有害機能（Harmful Function：HFj）」の合計で割った比率として定義される。

理想性向上の概念式（**図表 5-17** 参照）は、VE の価値向上の概念式 V＝F/C（V：Value，F：Function，C：Cost）と類似しているが、前者のほうが分母・分子の項目ともにその包含する意味は広い。VE での機能は有益機能のことであり、有害機能という捉え方はない。一方、TRIZ では、有害機能とは VE で対象とするコストも含めて、特性値（パラメータ）がゼロをめざす項目が包含される。

また、有益機能には、技術システムの特性値がプラスになる特性値が包含される。例えば、有害機能の特性値としては、技術システムのコスト、電力消費量、重量、サイズ、騒音、メンテナンス時間、騒音等が含まれる。有益機能の特性値としては、主要性能などが含まれる。

アルトシュラーは、この法則を限界まで追求することで、「理想的最終解（IFR：Ideal Final Result）」という、UFi（有益機能）が無限的に大きく、HFj（有害機能）が限りなくゼロに近い状態のコンセプト（図表 5-17 参照）を設定し、この理想達成を常に意識することを強調している。

② システムパーツ完全性の法則

技術システム（この場合、最終的な製品）は、個々に分離しているサブシ

ステム(部品)を一体化することによってでき上がる。技術システムを実効性のあるものにするには、基本的には、①エネルギー源としての「駆動系」、②システム機能を実行する「作動器官系」、③エンジンから作動器官にエネルギーを伝える「伝達系」、④伝達系を通してシステムを制御したり操作したりする「制御器官系」の4系統の技術要素が必要である。これらの要素の1つでも欠損や達成不十分があると、競争で生き残ることは難しい。このような考え方は自動車に限らず、ほとんどの技術システムにあてはまる法則である。

ただし、対象とする技術システムがすべてこの4系統に対応するわけではない。要は、全体システムを構成するサブシステムがすべて「完全になる方向(機能達成度が十分な方向)」で進化するという、より本質的な観点で理解する必要がある。

下記に示す事例(図表5-18参照)は、うちわが通常の扇風機に進化するプロセスを、この進化の法則に沿って示したものである。

図表5-18 システムパーツ完全性の法則(扇風機のケース)

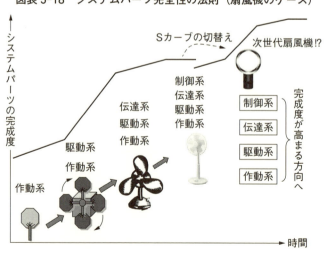

その後、羽なし扇風機なども登場しているが、この場合は同じ扇風機でも、そのしくみ「羽を胴体部分に収納し、羽から発生した風量（全体の約7％）以上に膨大な周りの空気（全体の約93％）を巻き込んで風を発生させるメカニズム」がまったく違うので、これ自体はSカーブの切替え事例と判断することができる。この羽なし扇風機も、この進化法則に従って、今後も洗練化していく可能性が高い。

③　システムでのエネルギー伝導性の法則

技術システムは、駆動系から作動器官系にエネルギーを伝達する効率を高める方向で進化する。例えば、伝達方式は、シャフトや歯車のような機械的方式が採用されたり、荷電粒子の流れという方式で実施されたりする場合もある。この伝達形式の選択は、多くの技術システムの重要な技術課題の1つであり、伝達方式のエネルギーの無駄が減少する方式に進化していくということである。

図表 5-19　システムでのエネルギー伝導性の法則（お湯を沸かすケース）

より一般的にいえば、ある機能（目的）の達成に使われるエネルギー（手段）は、無駄がなくなる方向で進化していくという意味である。

図表 5-19 は、お湯を沸かすという目的達成のために、手段である道具のエネルギーの伝達性効率が上がる方向で進化しているプロセスを示したものである。

この図で示すように、特に S カーブの変更を伴うような飛躍的な稼働効率アップの場合は、エネルギー発生原理の革新的な変化を伴うことが多い。例えば、このケースの場合、最近では、ガスコンロや電気コンロから IH 調理器（電磁調理器）に切替えが進んでいるが、IH 調理器を使うことによって、活用するエネルギー効率がかなり向上している。

例えば、電気コンロで鍋を加熱する場合は、熱線放射と加熱空気による伝熱のため、電気エネルギーのロスが生じる。一方、IH 調理器では原理上、このような損失がほとんどなく熱効率が高いのである。ちなみに、IH 調理器の熱効率は約 83〜90% であり、電気コンロの場合は約 52 %、ガスコンロの場合は約 40 % である[29]。

④　リズム調和性の法則

技術システムは、その要素（部品）の持つリズムや自然の周波数との調和を高める方向で進化する。アルトシュラーはその一例として、地質の薄層に掘削して穴をあけ、そこに水を満たして圧力による振動を伝達することで石炭を粉砕するという、新しい石炭採掘方法を取り上げている。この方法は、その後に石炭の塊の自然周波数と等しい周波数の衝撃を与えることによって石炭を採掘するという、当時としては画期的な方法（旧ソ連の特許）に結び

---

[29]「TOSHIBA Leading Innovation よくあるご質問と回答」http://www.toshiba.co.jp/living/ih_cooking/pickup/ih/faq/index_j.htm（2015.2.2）、「IH クッキングヒーター」http://www.ricoas.co.jp/ih_cooking/（2015.2.2）、池本洋一・高橋敦子・浜久人（1986）「電磁調理器によるなべ底の熱分布と熱効率」、『家政学雑誌』Vol. 37 No.11、pp.949–954

図表 5-20　リズム調和性の法則（扇風機のケース）

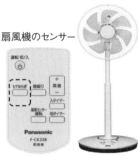

リズム調和による進化 →

人の体のリズムが「1/fゆらぎ」になっているので、「1/fゆらぎ」が人に快適感を与えると考えられる。ゆえに、体のリズムと同じリズムである「1/fゆらぎ」の風を与えることにより、人は快適になることが期待される。

通常の扇風機

扇風機のセンサー

リビング扇7枚羽1/fゆらぎ（7段）温度センサー付きF-CK338-W Panasonic

ついた。

　このようなリズム調和性の法則を意識した例は身近にもたくさんある。例えば、ダイヤモンドの切断はダイヤモンドの断層に合わせて圧力をかける方式で行われるので、この法則に従っていると解釈できる。

　さらに、この法則を広義に解釈すると、技術システムは最終的には、社会環境や人間の生活環境・動作リズムに調和するような方向で進化していくというケースも包含される。例えば、環境配慮設計や人間中心設計、エルゴノミックス（人間工学）などがよく知られるところである。

　なお、技術システムは人工物であり、もともと自然界には存在しないものであるから、Ｓカーブの初期の段階では、人間が技術システム（機械）に合わせなければならないケースが散見されることも多い。このような背景から、技術システムの洗練化が望まれるＳカーブの中盤から後半期（成熟期）には、"社会や人間との調和性向上による進化"の実現の重要性が高まってくるといえる。

　図表 5-20 は、この法則に沿っていると考えられる扇風機のケースを紹介したものである。

図表 5-21　技術システムと各ユニットの S カーブ

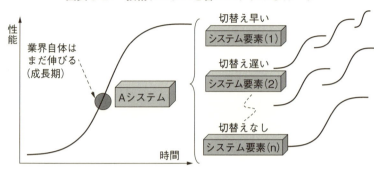

⑤　システム要素の不規則な進化の法則

　技術システム全体（製品）から見れば単調に改善されているようだが、技術システムを構成する個々の要素（部品）は全体に同期して改善されているわけではなく、不規則（別々）に行われているという意味である。つまり、各システム要素には独自の成長曲線（S カーブ）が存在し、個々のシステム要素の進化は独自なのである（**図表 5-21** 参照）。

　したがって、衰退期に最も早く達したシステム要素が技術システム全体の進化のブレーキになるので、このようなシステム要素の次の成長曲線を描く新システム要素の開発こそが、システム全体のさらなる進化を左右することになる。

　この法則に従った例も身近にある。例えば、PC（パソコン）の CPU の処理スピードや HD メモリの容量などは飛躍的な進歩を遂げているが、入力方式は今でもキーボード方式が主流であり、最近になってようやく、タッチパネル式のタブレット PC が登場してきた段階である。

⑥　上位（スーパー）システムへの移行の法則

　技術システム（製品）それ自体が発展の限界に到達すると、より上位（スーパー）システムのサブシステムになることによって、さらに進化するケー

スがある。このように上位システムに移行することによって、対象システムは質的にも新しいレベルに高められていく。

このような事例は、われわれの身近に結構存在する。例えば、電話機の主流が固定電話から携帯電話になった段階で、携帯電話は上位（スーパー）システムに移行して飛躍的な発展を遂げた。具体的にいえば、固定電話の時代までは、概して電話機単体としての開発が主流であったが、携帯電話に移行してからは、情報システムという上位システムの中のサブシステム（情報端末）といった位置づけで発展してきたからである。さらに、スマートフォンはクラウド環境（上位システム）の中でのITツール（サブシステム）として、ますますその存在感が高まっている。

なお、新しいSカーブに切り替わると、近年のITが絡んだ技術システムでは、そのほとんどがスーパーシステム（この場合はIT環境）へ移行する

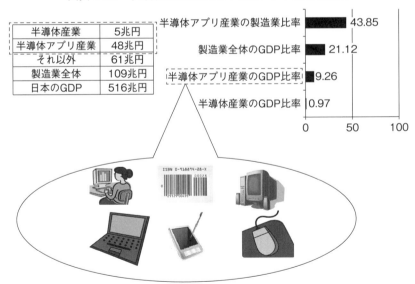

図表 5-22 半導体産業に占める半導体アプリ産業の規模

出所：半導体産業研究所「半導体産業が日本の社会・経済・環境に与えるインパクトの社会科学分析（最終報告書）」（2009年）をもとに、筆者が作成。

といってもよい。なぜならば、近未来社会では間違いなく、人間の生活環境の中にコンピュータチップとネットワークが組み込まれ、ユーザーはコンピュータの所在を意識することなく、コンピュータ機能を利用できる環境社会、いわゆる"ユビキタス社会"に向かっているからである。

ちなみに、IT系製品の基幹技術である半導体産業の規模（約5兆円）に比較して、その応用分野は製造業の規模（約109兆円）の40％を超えるという事実（図表5-22参照）からも、この法則があてはまる事例は今後も増え続けると予想される。

⑦　マクロからミクロへの移行の法則

対象システムの主要機能を実行する手段は、最初はマクロレベルで実現されるが、その後はミクロレベルへ移行していくという法則である。このような法則に沿って発展してきた例として、エレクトロニクスがあげられるだろう。

図表5-23　マクロからミクロへの移行の法則（音響プレーヤーのケース）

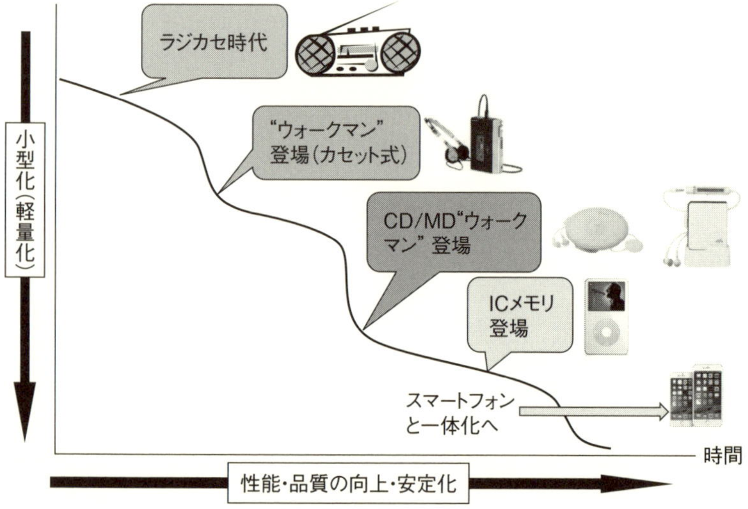

具体的な事例としては、真空管で構成されていた電化製品が、トランジスタ、LSI（大規模集積回路）へと移行するに従って、軽薄短小化してきたことをあげることができる。

また、マクロからミクロへ移行する際には、対象システムの効率性や制御性を向上させる方向で、異なるエネルギー方式（機械的方式から電気的方式など）が採用される。図表5-23は、ラジカセから進化してきた携帯音楽プレーヤー（代表的なブランドとしては、ウォークマンなど）の事例を示したものである。

⑧　物質—場の完成度増加の法則

アルトシュラーは、1つの有益機能の達成を、機械的エネルギーや電気的エネルギーなど、あるエネルギーを通して相互作用する2つの物質（構成要素）との関わりから示す「物質—場分析モデル」を開発した。彼はこのモデルを基準にして、対象システムは、物質—場分析モデルの視点から、"物質と場の関わり"の完成度が高まる方向へ進化していくことを示した。

例えば、図表5-24に示すカメラの記録方法を考えてみると、フィルムという物質（S1）に対して、光量という物質（S2）を与えて、画像をフィルムに焼きつける方法は、画像が化学的処理で再現されているから、化学的エ

図表5-24　物質—場の完成度増加の法則（カメラのケース）

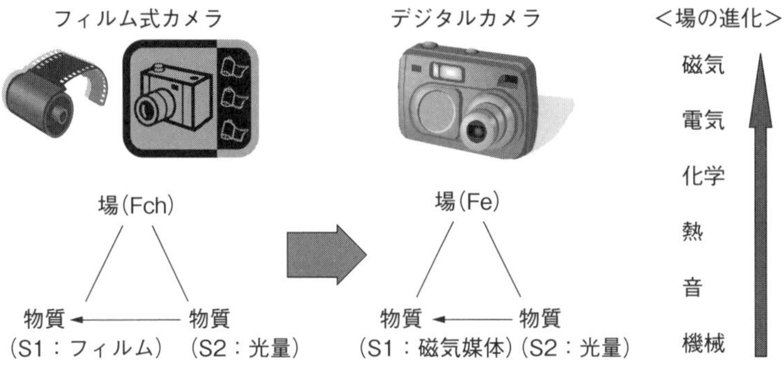

ネルギー（Fch）の作用ということになる。

　その後の進化過程では、エネルギーが化学方式から電気方式に移行し、光量（S2）が電気エネルギー（Fe）を通して、磁気媒体（S1）に記録され、鮮明なデジタル画像として再現されるようになった。これが今のデジタルカメラである。有益機能（写真を撮ること）の達成を示す「物質―場モデル」の完成度が、デジタルカメラで飛躍的に高まったわけである。

（6）　ARIZ の概要

　ARIZ とは、АРИЗというロシア語表記を英語のアルファベットに置き換えたもので、もともとは、英語で Algorithm for Inventive Problem Solving

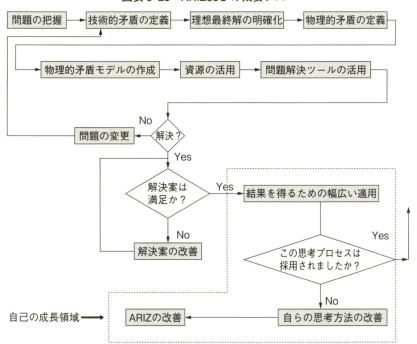

図表 5-25　ARIZ85C の概要フロー

（発明的問題解決のアルゴリズム）を意味するロシア語の一部をとってつくられた名称である。日本語ではアリーズと呼称する。

ARIZとは、解決すべき問題の本質（物理的矛盾や対立点）を適切に分析・把握して、革新的な解決案を導き出すための、一種の「問題解決のための思考プロセスの詳細な手順」である。標準問題を解決するためのテクニック（40の発明原理や76の標準解）の単独活用だけでは解決できそうもない、複雑な技術システムの問題解決に活用される（図表5-1参照）。

アルトシュラーは、1956年にARIZを発表して以来、複数回に及んでARIZの改定版の発表をしている。改定するたびに、総合化段階（創造段階）に力点を置いたアルゴリズムになり、問題解決者の思考プロセスそのものをめざしたものになっている。

なお、アルトシュラーによって開発されたARIZの最終バージョン「ARIZ85C」の概要フローを**図表5-25**に示す。これは、アルゴリズムの基本的な流れを示したものである。TRIZソフトウエア（現代版TRIZ）のいくつかは、このARIZを参考に開発されている。

2 | TRIZ応用編

前節では、アルトシュラー自身が開発した主なクラシカルTRIZ手法を小事例を交えながら紹介してきた。その中で最も活用頻度が高い手法は、「技術的矛盾マトリックス」と「40の発明原理」である。この手法は、既存の技術システムを二律背反の視点で改善するケースで用いられることが多い。

アルトシュラーが研究を離れた後、この技術的矛盾マトリックスは多くのTRIZ専門家によって改善され、さまざまな改訂版が公開されている。そこで、本節では、筆者が他の代表的な矛盾マトリックスをベンチマークしてさらに改良を加えた、「原価低減用簡易版矛盾マトリックス」をTRIZ応用手法の1つとして紹介することにしたい。この手法は第7章でも後述するように、

VE活動、特に「2nd Look VE（製品改善VE）」で併用して活用すると有効である。

　また、次世代システムを開発する際に役立つ手法としては、「技術システム進化のパターン」が注目されることが多い。しかし、この進化パターンも単独で活用するだけでは、未来の方向性を認識するガイドライン以外の活用は難しい。そこで、アルトシュラー以降も技術進化のパターン等の追加発表がされているほか、それ以外にも、さまざまな次世代技術システムを予測するツール等が開発・提案され現在に至っているので、本節では、その中でも使用頻度が比較的高いと思われる「マルチスクリーン法」を紹介する。この手法は、過去から現在までの時系列視点に、製品システムの上位と下位概念を絡めて、多面的に未来の姿を予測しようとするユニークな手法である。第6章で後述するように、「0 Look VE（製品企画VE）」で活用すると有効である。

　この他に、技術システム進化のパターンとレーダーチャートを絡めて、既存システムの改善余地や次世代システムの開発の糸口を把握するのに有効な、「技術進化のポテンシャルレーダーチャート」も紹介する。

（1）　原価低減用簡易版矛盾マトリックス
①　他の技術矛盾マトリックスとの比較

「原価低減用簡略版矛盾マトリックス」は、複数の矛盾マトリックスを徹底的にベンチマークしたうえで、三原・福嶋らとともに開発した簡易版矛盾マトリックス（名称：新矛盾マトリックス）をベースに、特に原価低減活動等に絞って改良したものである。

　ベースとなった「新矛盾マトリックス」の最大の特徴は、次の2点である。1つは、RCM1と呼ばれる機能パラメータ編とRCM2と呼ばれる設計パラメータ編の2タイプが用意されている点、もう1つは、40の発明原理を集約して25の統合発明原理に再構成した点である。

図表 5-26　主な技術矛盾マトリックス表の特徴

矛盾マトリックス	行側パラメータ (n：改善側)	列側パラメータ (m：悪化側)	技術矛盾対応 セル数 n×(m−1)	セルの有効率 (%)	発明原理の数
CM1971 (Altshuller 版)	39	39	1482	84.2	40
CM2003 (Darrell Mann, Simon Dewulf, Boris Zlotin, Alla Zusman)	48	48	2256	100	40
RCM1 (三原・福嶋・澤口)	13	13	156	100	25
RCM2 (三原・福嶋・澤口)	11	11	110	100	25
CM(CR) (泉・澤口)	12	39	456	82.7	40
RCM1(CR) (澤口)	5	13	60	100	25
RCM2(CR) (澤口)	5	11	50	100	25

(注)〖ーー〗で囲まれたところが、本書で紹介する矛盾マトリックス。
　　CM：Contradiction Matrix　　RCM：Redesign Cotradiction Matrix
　　CR：Cost Reduction

　本節で紹介する原価低減用簡略版矛盾マトリックスもこの特徴を受け継いでおり、機能パラメータ編の RCM1(CR) と設計パラメータ編の RCM2(CR) の2タイプがあるほか、発明の原理の数も25となっている（**図表5-26参照**）。

　その他の原価低減用の矛盾マトリックスとしては、泉らが開発した「原価低減版矛盾マトリックス（CM(CR)）」があるが、これは「アルトシュラー版矛盾マトリックス（CM1971）」をベースに改良しているので、マトリックス上のセルには空欄領域が存在し、発明原理の変更もない。

　一方、ダレル・マンらが開発した「矛盾マトリックス2003（CM2003）」は、追加で行った米国特許15万件（1985～2002）の分析結果が反映された結果、パラメータが39から48に増え、セルの有効性も100％となったことで、使

図表 5-27　提案する技術矛盾マトリックスのポジション

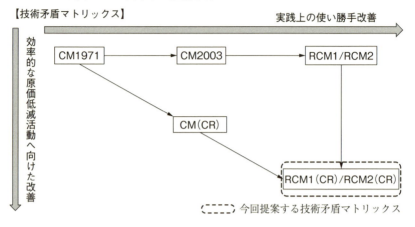

図表 5-28　改善設計（原価低減）活動における提案矛盾マトリックスの活用フロー

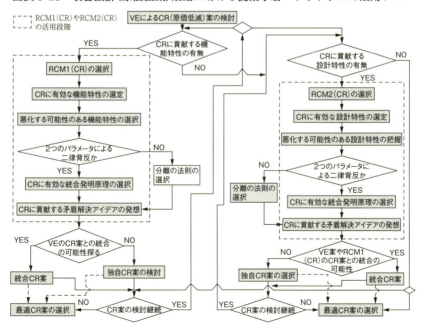

い勝手は向上している。しかし、発明原理の配置等は全面的に改訂されたものの、40項目自体に変更はない。

なお、本節で提案するRCM1(CR)とRCM2(CR)のポジションを明確に整理すると、**図表5-27**のようになる。

また、**図表5-28**に示したように、RCM1(CR)とRCM2(CR)は、VEと絡めた改善設計活動で活用される原価低減用矛盾マトリックスとして、使い勝手をより向上させながら、実践面にさらに配慮して再構築されたものになっている。

改善設計活動では、VEと併用して活用する場合も含めて、改善設計案を検討する際にはまず、機能的視点で改善案の検討を試みるケースが多い。そのため、機能系パラメータで構成されるRCM1(CR)のほうが、相対的な使用頻度が高くなることが想定される。

② 原価低減用簡略版矛盾マトリックス(機能パラメータ編)：RCM1(CR)の特徴

RCM1で抽出した「13個の機能系パラメータ」の中から、原価要素に関わりが深い「5個の機能系パラメータ」に限定して再構成したマトリックスが、RCM1(CR)である。具体的にいえば、RCM1(CR)は、検討可能な設計レベル（特に改善設計は詳細設計レベルが多い）を意識して、構成要素（部品）の達成すべき機能の実現容易性や機能達成時の資源の無駄を省くことで、コスト効果の高い改善案をめざすケースで活用することが期待されるので、良化する特性（原価低減に有効な機能系特性）を、①製造の容易性、②物質の量／損失、③情報の量／損失、④時間の量／損失、⑤エネルギーの量／損失、の5つに絞っている（**図表5-29**のF9〜13を参照）。

ただし、悪化する特性は、原価低減特性に限らないので、RCM1と同じ13個の機能系パラメータのままである。したがって、RCM1(CR)は、5×13のマトリックス（**図表5-30**参照）になる。

図表 5-29　RCM1(CR)の機能系パラメータ

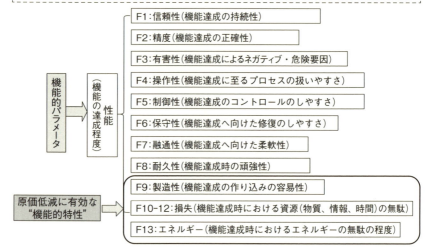

図表 5-30　RCM1(CR)のマトリックス

(注)　この新矛盾マトリックスはAltshullerの矛盾マトリックスを基本に再整理、ただし　　部分はMann「Matrix2003」を引用。

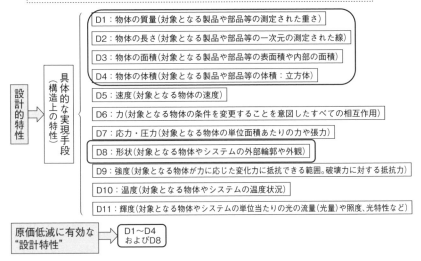

図表 5-31　RCM2(CR)の設計系パラメータ

③　原価低減用簡略版矛盾マトリックス(設計パラメータ編)：RCM2(CR)の特徴

RCM2(CR)は、改善案の機能系パラメータに関する検討が済んだ後で活用することを想定しているので、設計系パラメータが中心になる。設計系パラメータとは、検討する視点が、長さ、重さ、速さ、温度、輝度などの物理的性質を示すものが中心になるので、この段階で原価低減に直接寄与すると考えられるのは、材料費や経費に直接影響する幾何学的要因になる。

したがって、良化する特性（原価低減に有効な設計系特性）を、①物体の質量、②長さ、③面積、④体積、⑤形状、の5個に限定している（**図表5-31**のD1〜4、D8を参照）。

ただし、悪化する特性は、原価低減特性に限らないので、RCM2と同じ11個の設計系パラメータのままである。したがって、RCM2(CR)は、5×

図表 5-32　RCM2(CR)のマトリックス

悪化する特性 良化する特性		物体の重量 D1	物体の長さ D2	物体の面積 D3	物体の体積 D4	速度 D5	力 D6	応力 または 圧力 D7	形状 D8	強度 D9	温度 D10	輝度 D11
物体の重量	D1	B1, B2, B3, B4	1, 4, 8, 15, 21, 22, 24	1, 4, 7, 9, 15, 19, 24, 25	1, 2, 4, 6, 18, 24	1, 21, 22, 25	8, 21, 22, 24	4, 8, 9, 18, 22, 24	4, 6, 8, 9, 18, 24	1, 4, 8, 13, 18, 22	4, 5, 14, 16, 22, 25	1, 16, 22, 24
物体の長さ	D2	4, 15, 18, 21, 22, 24	B1, B2, B3, B4	3, 7, 5, 7, 8, 18, 22	1, 3, 5, 6, 7, 21, 24	5, 9, 21	4, 5, 7, 8	1, 6, 21, 24	1, 3, 4, 6, 8, 9, 21, 22	4, 6, 15, 21, 22, 24	8, 16, 22, 24, 25	12, 16
物体の面積	D3	1, 4, 5, 6, 7, 19, 22	3, 4, 5, 6, 8, 22, 25	B1, B2, B3, B4	3, 5, 6, 7	4, 5, 15, 19	1, 19, 22, 24	4, 8, 22, 24	2, 4, 5, 15	6, 16, 18, 22	1, 10, 22, 24, 25	9, 16, 22
物体の体積	D4	1, 4, 6, 8, 18, 22, 24	1, 3, 5, 6, 21, 22, 24	1, 3, 5, 7	B1, B2, B3, B4	4, 5, 15, 25	1, 22, 24	4, 24, 25	1, 3, 4, 5, 22, 24	3, 6, 7, 8, 22	4, 5, 8, 15, 22, 24, 25	1, 8, 9
形状	D8	4, 8, 16, 18, 21, 22	2, 3, 4, 5, 6, 8, 9, 15	2, 5, 8, 15	1, 3, 5, 6, 14, 22, 24	15, 22, 24	8, 18, 24	6, 8, 15, 22	B1, B2, B3, B4	6, 8, 18, 19	6, 14, 16, 22	9, 16, 22

（注）Altshuller の矛盾マトリックスを基本に再整理。

11 のマトリックス（**図表 5-32 参照**）になる。

④　25 の統合発明原理

新矛盾マトリックス RCM1 と RCM2 を三原・福嶋らと開発する際に、オリジナルの発明原理の各々の意味を理解したうえで、アルトシュラー作成の 40 の発明原理を、親和図法的アプローチで 25 の統合発明原理に集約した（**図表 5-33 参照**）。本節で提案している原価低減用簡易版矛盾マトリックスの RCM1(CR) と RCM2(CR) でも、この 25 の統合発明原理を踏襲したものになっている。その理由は、原価低減用の矛盾マトリックスでも、使い勝手を意識して、簡略版を志向したからである。

（2）　マルチスクリーン法
①　9 画面法と 12 画面法

本手法は、新製品の企画活動で役立つ TRIZ 応用手法の 1 つである。「対象システム（製品やサービス）」のほか、それに関連する「上位システム（対象製品の上位環境）」や「サブシステム（製品の構成要素）」に関連する過去

図表 5-33　25 の統合発明原理

25 の統合発明原理へ ⇐ 類似項目を整理統合　アルトシュラー作成の 40 の発明原理を全て理解し、活用することは初心者には困難

分類	番号	統合発明原理	統合発明原理の意味	アルトシュラーの発明原理	
分割/分離や組合せ結合の方法	1	分割/分離原理	分ける	1 分割原理	2 分離原理
	2	組み合わせ原理	組み合わせる	5 組み合わせ原理	
	3	入れ子原理	中に入れる/入れられるようにする	7 入れ子原理	
	4	代用/置換原理	別のモノ/方法に置き換える	6 汎用性原理	28 機械的システム代替原理
				26 代替原理	29 流体利用原理
形状の変更	5	非対称原理	対称型のものを非対称にする	4 非対称原理	
	6	曲面原理	直線や平面を曲線や曲面にする	14 曲面原理	
	7	他次元移行原理	直線的な動きを2、3次元的にする。単層を多層にしたり、横向きにする。	17 他次元移行原理	
視点や思考の変更	8	未然防止原理	予め動作させる。事前に手を打っておく。	9 先取り反作用原理	11 事前保護原理
				10 先取り作用原理	
	9	逆発想原理	逆の動作をさせる	13 逆発想原理	
	10	非精密原理	完全でなくても適度な動作にする	16 アバウト原理	
	11	フィードバック原理	フィードバックを利用する	23 フィードバック原理	
	12	セルフサービス原理	物体自体にセルフサービスを行わせる	25 セルフサービス原理	
	13	低コスト原理	長持ちする高価なものを、安価なものに置き換える	27「高価な長寿命より安価な短寿命」の原理	
	14	弊害活用原理	有益な効果を得るために有害なものを用いる。有害作用に別の有害作用を用いて相殺する。	22「災い転じて福となす」の原理	
	15	排除/再生原理	機能を終えた物体の部分を廃棄する。動作中に消耗部分を直接復元させる。	34 排除/再生原理	
材料の変更	16	局所性質原理	不均一な構造にする。部分を強調させる。	3 局所性質原理	32 変色利用原理
	17	多孔質利用原理	物体を多孔質にする。細孔の中に有用な物質や機能を入れておく。	31 多孔質利用原理	
	18	複合材料原理	均質な材料を複合材料に置き換える	40 複合材料原理	
	19	薄膜利用原理	薄膜や殻を用いる	30 薄膜利用原理	
	20	均質性原理	同じ材料/同じ特性をもつ物体と相互作用させる	33 均質性原理	
エネルギーの与え方の変更	21	つりあい原理	他の物体とつりあいをとらせる	8 つりあい原理	12 等ポテンシャル原理
	22	振動原理	物体を振動させる	15 ダイナミック性原理	19 周期的作用原理
				18 機械的振動原理	
	23	連続作用原理	連続/高速で動かす	20 連続性原理	21 高速実行原理
状態や特性の変更	24	特性変更原理	物体の物理状態・特性を変える	35 パラメータ変更原理	37 熱膨張原理
				36 相変化原理	
	25	仲介原理	中間に別のものやプロセスを加える/置き換える	24 仲介原理	39 不活性雰囲気利用原理
				38 高濃度酸素利用原理	

出所：長田洋・澤口学・三原祐治・福嶋洋次郎『革新的課題解決法』（日科技連出版社）のpp.52-53 の表 3.5 に加筆して掲載。

図表5-34 マルチスクリーン（12画面法）のイメージ例

	過去 (1970～1980年代)	現在 (1990～2000年代)	未来 (2010年代～)
Super²-system 社会パラダイム	公害が社会問題へ 工業化社会	情報化社会 少子高齢化社会	ユビキタス社会の到来 格差社会 女性の社会進出
Super-system 教育（学校）	詰め込み型勉強	ゆとり教育・ 学力低下&その防止へ	一部学校の地位低下 教育格差拡大？
System 学習塾	進学塾・補習塾	複合型学習塾へ (個別・集団・英会話・幼児教育・スポーツ教室)	教育業界再編 次世代学習塾
Sub-system 指導形式	集団指導型	個別指導型	カスタマイズ型
教　材	レベル・単元別教材	PC化により個別教材が可能に	エデュテイメント メディア教材
安　全	特になし	下校時の生徒の安全性確保へ配慮	ICT活用による生徒のセキュリティ保証
学習環境	大部屋の利用	個別学習者の環境配慮 （パーテーションなど）	カウンセリング 心理的快適性の向上

↑ 未来予測領域

から現在に至る発展経緯を把握し、その傾向に基づいて、近未来の製品関連の未来アイデアやシナリオを描く際に活用するとよい。もともとは、「(過去－現在－未来)×(上位システム／システム／サブシステム)＝9セル」から構成されるマトリックス上でマルチに観察するので、9画面法と呼称する場合もある。

筆者はこの手法を拡張して、「上位システムを、広く社会環境レベルで捉える"上位システム（広義）"＝社会パラダイム」と「対象システムに隣接する他のシステムを"上位システム（狭義）"」として、4段階に分類する方法を提唱している。さしずめ、「12画面法」とでもいったものだろうか。

なお、図表5-34に示す内容は、小学生向け学習塾というサービス産業を

対象システムに設定したイメージ事例である。製品を対象にした場合でも、作成方法は基本的には変わらないので、参考にしてほしい。

② 拡張版12画面法で描く未来予測シナリオ

図表5-34には示していないが、「上位システム（広義）=社会パラダイム」は社会マクロ環境分析の領域に対応する。したがって、広く社会トレンドを示す定量的な指標を用いると、より信憑性の高い未来予測シナリオを描くことが可能になる。最も代表的な指標は、デモグラフィックな要因であり、日

図表5-35　社会パラダイムの変化を示すデモグラフィック要因

未来確定型要因	Past	Present	Future	トレンド
日本国人口	1975年 11,194万人	2012年 12,752万人	2020年 12,410万人	人口増から減少へ 2050年前後に1億人切る
		2006年（人口ピーク時） （12,790万人）	2085年（予測） 6,143万人	
年代構成 （日本社会）	1975年 65歳以上 887万人 15～64歳 7,581万人 0～14歳 2,722万人	2012年 65歳以上 3,079万人 15～64歳 8,018万人 0～14歳 1,655万人	2020年（予測） 65歳以上 3,612万人 15～64歳 7,341万人 0～14歳 1,457万人	急激な少子高齢化社会の到来へ 65歳以上は増加
平均寿命 （日本人）	1975年 女：76.89歳 男：71.73歳	2013年 女：86.61歳 男：80.21歳	2060年（予測） 女：90.93歳 男：84.19歳	人生80年以上の超シルバー社会の到来へ
		2014年（WHO発表） 健康平均年齢 女：77.7歳 男：72.3歳		

出所：下記のURLのデータを使用して作成。いずれも2014年12月10日に検索。
　・総務省統計局：http://www.stat.go.jp/data/nihon/02.htm
　・厚生労働省：http://www.mhlw.go.jp/toukei/saikin/hw/life/life13/index.html
　・内閣府：http://www8.cao.go.jp/kourei/whitepaper/w-2012/zenbun/s1_1_1_02.html

図表 5-36　主な未来確定型要因の候補リスト

- 人口の変化（人口構成比率、男女ごと、労働人口など）
- 世帯数の変化（1 世帯あたりの人数など）
- 住宅戸数の変化（平均居住面積など）
- 住宅着工数の変化（都市部の持ち家率など）
- 外国人労働者数の変化
- サラリーマンの年収の変化
- 男女の未婚率の世代別変化
- 男女の既婚率の世代別変化
- 男女の離婚率の世代別変化
- 男女の平均寿命（健康寿命含む）
- 病気原因別の死亡者数の変化（がん、脳梗塞、心筋梗塞、糖尿病など）
- 日本人の体型の変化（体重、身長など）
- ブロードバンド普及率の変化（高速無線 LAN など）

本人の平均寿命や日本の総人口、労働人口等があげられる。これらの要因はその特徴から、未来に対する誤差が比較的小さいので、未来確定型要因と呼称することにしたい。

　これらの数値を社会パラダイムの過去−現在−未来の視点で整理すると、**図表 5-35** のようになる。また、マルチスクリーン法を活用する際に、上位システム（広義）で用いると、興味深い未来視点の1つになると思われる未来確定型要因を列挙したものが、**図表 5-36** である。

（3）　技術進化のポテンシャルレーダーチャート

　対象システム（製品）の"改善の余地"や、イノベーションと絡めて次世代システムの"開発への糸口"を示唆してくれる「技術進化のポテンシャルレーダーチャート」は、確かに、TRIZ 応用手法の1つである。実際にレーダーチャートを作成する際は、前述した技術進化の8パターン（アルトシュラーの初期版）に限定せず、ダレル・マンらがその後の特許分析等から整理した技術進化のトレンド（パターンよりも詳細なもの）の中から、対象システムと関連性が高い技術進化のトレンドを、通常は 10 個程度、選択するこ

図表 5-37　ある技術システムの進化のポテンシャルレーダーチャートのイメージ例

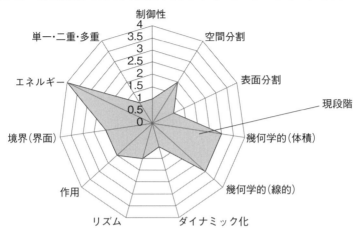

とが多い。

そして、選択した複数の進化トレンドの観点から、対象システムの現状の進化状況をレーダーチャート上で整理する。最終的には、現段階の進化状況から開発の余地がどの辺にあるのかをビジュアル的に判断し、進化の余地の高い技術要素（トレンド）に特化して、効率的に開発予算を見積もるべきである。

また、場合によっては、次世代システムの「開発の糸口＝どの進化トレンドを次世代システムへの突破口にするか」を探ることに活用するアプローチもあり得る。

図表 5-37 は、ある技術システムの進化のポテンシャルレーダーチャートのイメージ図である。

第6章

イノベーション創造型VE/TRIZ
～ New 0 Look VE（次世代製品企画VE）の展開 ～

本章では、デザイン思考を効率的に体現した「創造的問題解決プロセス」ともいえる、VEP（図表3-9参照）をベースにした「イノベーション創造型VE/TRIZ」の具体的な展開アプローチ（一種のマニュアル）を提案する。その際、次世代製品（広義に捉えてサービスも含む）を企画するようなラディカル型イノベーションでは、従来のVEテクニックだけでは不十分であるため、マルチスクリーン法や技術進化のパターンなど第5章で紹介したTRIZ手法のほか、経営戦略策定で用いられる手法も積極的に活用している。

1 イノベーション創造型VE/TRIZの特徴
〜シナリオライティング法〜

　イノベーション創造型VE/TRIZを具体的に展開するための手段として、次世代型製品を企画する際に付加価値の高い製品化シナリオを描くことが、第1の成功要因（key factor for success）である。これはシナリオライティング法と呼ばれるもので、ここでは、「次世代製品の未来シナリオ作成テクニック」にフォーカスして、未来シナリオを効果的に立案するためのジョブプラン（活動手順）を、ケース事例も絡めて提案することにしたい。

　シナリオライティング法については、従来型の0 Look VEでもその有効性が主張されている。しかし、具体的なテクニックや明確な手順まで踏み込んでおらず、抽象的な概念にとどまっている感が強い。例えば、過去のVE協会の研究会等での報告[30]を見ても、既存マーケティング手法や調査手法を体系的に整理した段階にとどまり、独自の活動手順の提案には至っていない。したがって、本章を通して「次世代製品の未来シナリオ作成のジョブプラン」を提案することは意義あることと考える。

　このジョブプランは、世界市場で"フロントランナー（先頭集団）"の"牽

---

30) 顧客ニーズ調査技法開発研究会（1984）「VEAM法—顧客ニーズ形成とその方法」（社）日本VE協会報告書、VE関連技法研究会（1986）「商品コンセプト構築の考え方とその関連技法」（社）日本VE協会報告書

引者"になり得るような、イノベーティブな製品化シナリオを効果的に創造するための理想的なガイドラインをめざすものである。したがって、既存市場の顧客にのみフォーカスしてVOC（顧客の声）を把握し、それを製品企画へ反映するという「従来型企画VE（あるいはQFD）アプローチ」だけに終始するということは極力避ける工夫をしている。

　例えば、その工夫の1つとして、「社会環境マクロ分析」を実施して、近未来の確定的な指針となり得る主な社会環境要因（男女の平均寿命、男女の健康平均年齢、労働人口、若年人口、出生率、平均所得、世帯数など）を把握・整理している。さらに、把握した各種要因から潜在需要の抽出・把握を試みつつ、対象製品に関わる要素技術（サブシステム）の技術進化の傾向も同時に把握し、近未来（概ね5〜10年程度先）の社会動向に製品化技術の発展の姿を重ね合わせる作業も行っている。

図表6-1　次世代製品の未来シナリオ創造のコンセプト

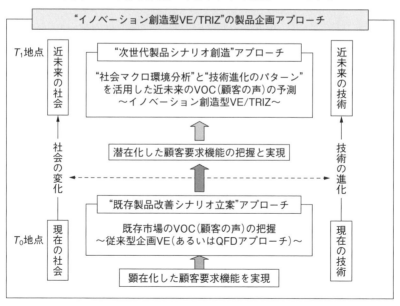

このような工夫によって、「次世代製品の未来シナリオ創造」が可能になり、近未来の「潜在要求機能の把握」も合理的に行えるようになるわけである。この辺りの特徴を概念的に整理したものが図表6-1である。

2 次世代製品の未来シナリオ立案のジョブプラン
〜基本プロセスと作業フロー〜

図表6-1で示した「次世代製品の未来シナリオ創造のコンセプト」を具体的に展開していくための「基本プロセス」と、それに対応させた「次世代製品の未来シナリオ立案のジョブプラン（手順）」を図表6-2に示す。

基本プロセスはPhase 1〜4で構成されており、デザイン思考で強調されている「収束思考と発散思考」が繰り返し実施される合理的なジョブプランになっている。また、各Phaseもそれぞれ複数のSTEPから構成されてい

図表6-2　次世代製品の未来シナリオ立案のジョブプラン（手順）

思考	基本プロセス	ジョブプラン	タスク	種別
収束思考	Phase 1 外部&自社(内部)環境分析	STEP1：SWOT分析	タスク①	分析
		STEP2：5C分析	タスク②	分析
		STEP3：SWOTマトリックスの洗練化	タスク③	分析
発散思考	Phase 2 未来ビジョンの基本設計	STEP4：強みを活かした市場機会の創造	タスク④	創造
		STEP5：弱みを打ち消す脅威回避の検討		
収束思考／発散思考	Phase 3 未来シナリオ基本構想	STEP6：未来シナリオに反映させるアイデア抽出	タスク⑤	分析
		STEP7：マルチスクリーンマトリックス作成	タスク⑥	分析／創造
収束思考／発散思考／収束思考	Phase 4 次世代製品未来シナリオへの洗練化	STEP8：価値相関図の作成	タスク⑦	分析
		STEP9：次世代商品の基本シナリオ作成	タスク⑧	総合化
		STEP10：次世代商品の基本シナリオの図解化	タスク⑨	分析

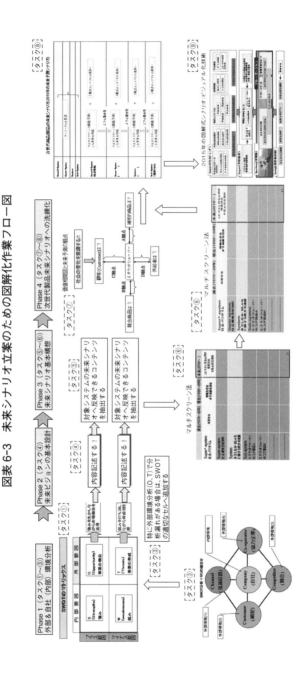

図表6-3 未来シナリオ立案のための図解化作業フロー図

るほか、各STEPも「分析段階と創造／総合化段階」がバランスよく繰り返し実行される手順を踏んでおり、デザイン思考を合理的に展開したジョブプランになっている。

しかし、このジョブプランの提示だけでは抽象度の高いシナリオ作成作業を具体的にイメージすることはきわめて難しいだろう。そこで筆者は、各STEPで実施すべき各タスク①～⑨と（図表6-2参照）、それらに関連する各種テクニックの位置づけが一目でわかる「図解化作業フロー図」を開発した（**図表6-3**参照）。実際の未来シナリオ立案活動は、これを"ガイドライン"として活用しながら、チームデザイン（組織的努力）の結集を図ることが期待される。

次に、Phaseごとの特徴（活動ポイント）を整理し、各Phaseを支える各々のSTEPに対応したタスク内容を簡潔に紹介した後、ケース事例を紹介する。

3 | Phase 1：外部＆自社（内部）環境分析

Phase 1では、「外部環境分析」と「自社（内部）環境分析」を行う（**図表6-4**参照）。外部環境分析とは、法律や条令、社会環境要因、他社との競合状況など、会社の周辺環境に関する分析であり、自社（内部）環境分析とは、自社の強みと弱み、ヒト・モノ・カネといった経営資源の状況など、社内環境の分析である。大企業の場合は、内部環境を事業部レベルに限定して分析する場合もあり得る。

一言で外部や内部環境といっても漠然としているので、各環境の観点を明確化するために、主に戦略立案ツールとして知られる「SWOT分析」とそれを補完する意味で「5C分析」を活用する。

図表 6-4　Phase1：外部＆自社（内部）環境分析

```
┌──────┐ ┌────────────────┐ ┌─ STEP 1：SWOT分析 ─── タスク① ── 分析
│ 収束 │ │   Phase 1      │ │
│ 思考 │─│外部&自社(内部)  │─┼─ STEP 2：5C分析 ───── タスク② ── 分析
│      │ │   環境分析     │ │
└──────┘ └────────────────┘ └─ STEP 3：SWOTマトリックスの洗練化 タスク③ 分析
```

（1）　STEP 1：SWOT 分析（タスク①）

STEP 1 の目的は、SWOT 分析を通して、自社が直接的あるいは間接的に関わる外部環境と自社（内部）環境に関わる情報を SWOT の観点から収集し整理することである。

SWOT 分析とは、自社の内部要因として「強み（Strengths）」と「弱み（Weaknesses）」を把握し、外部要因として「事業の機会（Opportunities）」と「事業の脅威（Threats）」を整理するものである。このように体系的に整理した情報によって、「強みを生かしながら市場機会を活用」したり、「弱みを打ち消しながら脅威を回避」する方法の検討が相対的に容易になる。

図表 6-5　SWOT 分析

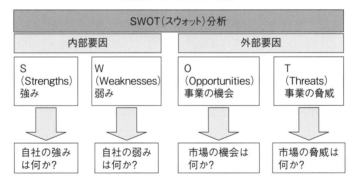

（2）　STEP 2：5C 分析（タスク②）

STEP 2 の目的は、ステップ 1 で収集した外部＆内部（自社）環境に関す

る情報に対して、5Cの観点からさらなる情報の追加を図り、各種情報の抜け防止を図ることである。

5Cとは、「自社（Company）」「顧客（Customer）」「競合（Competitor）」「流通経路（Channel）」「協力会社（Co-operator）」のことであり、自社以外はすべて外部環境の観点になる。したがって、SWOT分析だけでは、協力会社や流通経路まで視野に入れて外部環境情報を把握・整理できないケースも考えられるので、SWOT分析の補完的ツールとして活用するとよい。

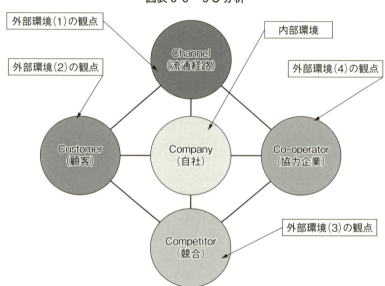

図表6-6　5C分析

（3）　STEP 3：SWOTマトリックスの洗練化（タスク③）

STEP 3の目的は、STEP 2で収集した5Cの観点からの追加情報をSWOTマトリックス上に追記して、収集した情報内容を洗練化することである（**図表6-7参照**）。

SWOTマトリックスとは、STEP 1で行ったSWOT分析を、「外部環境

vs 自社環境」と「プラス要因 vs マイナス要因」の組み合わせから、4象限別に情報を整理することである。

プラス要因は、外部環境では事業の機会（Opportunities）であり、自社環境では当然、自社の強み（Strengths）が対応する。一方、マイナス要因は、それぞれ事業の脅威（Threats）と自社の弱み（Weaknesses）があてはまる。STEP 2の5C分析で追加収集した情報をこの4象限ごとに追記したものが、SWOTマトリックスの洗練化版になる。

図表6-7　SWOTマトリックスの洗練化版

		内部要因	外部要因
SWOTマトリックス			
プラス要因		S（Strengths）強み ＋ 5Cの内部環境視点でのプラス要因の追加	O（Opportunities）事業の機会 ＋ 外部環境(1)〜(4)視点のプラス要因の追加
マイナス要因		W（Weaknesses）弱み ＋ 5Cの内部環境視点でのマイナス要因の追加	T（Threats）事業の脅威 ＋ 外部環境(1)〜(4)視点のマイナス要因の追加

4　Phase 2：未来ビジョンの基本設計

Phase 2 では、Phase 1 のアウトプット（社内外の環境分析の結果）を価値ある情報と捉えて、「自社の強み（保有する資源）を活かしながら、市場への機会を大いに拡大する可能性をアイデアとして創造」することである。また、他方では「自社の現存する弱みを反転させて（逆転の発想）、むしろ、市場の脅威を回避できるようなアイデアの創造」も試みる。ここで検討した

アイデアは、Phase 3 で次世代製品未来シナリオを描くための"素材の一部"となる（図表 6-8 参照）。

図表 6-8　Phase2：未来ビジョンの基本設計

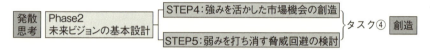

（1）　STEP 4：強みを活かした市場機会の創造（タスク④の前半）

　STEP 4 の目的は、5 C 分析も加味して洗練化した SWOT 分析の結果から、特にプラス要因（自社の強み×事業の機会）に特化して、自社の強みを活かしながら、市場における事業機会の拡大を図るアイデアを創造することである（図表 6-9 のプラス要因を参照）。

（2）　STEP 5：弱みを打ち消す脅威回避の検討（タスク④の後半）

　STEP 5 の目的は、STEP 4 に引き続いて、洗練化した SWOT 分析の結果

図表 6-9　洗練化した SWOT マトリックスからのアイデア発想

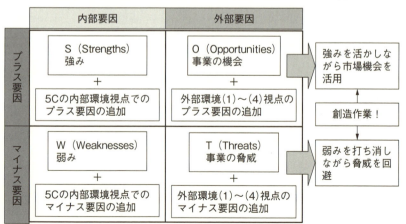

から、特にマイナス要因（自社の弱み×事業の脅威）に特化して、自社の弱みを打ち消すような"逆転の発想"で、市場における事業上の脅威を回避するようなアイデアを創造することである（図表6-9のマイナス要因を参照）。

例えば、日本海側の某県では豪雪地帯を抱え、冬場になるとこれといった観光の目玉もないため、他県に観光客を奪われるのが常であったが、"逆転の発想"で、地吹雪体験ツアーや雪下ろし体験セミナーを企画することによって、雪かきの経験のない首都圏の観光客の誘致に成功している。この例は、STEP 5に対応したアイデアといえるだろう。

5 Phase 3：未来シナリオ基本構想

Phase 2で検討した自社の未来ビジョンの"素材（アイデア群）"の中から、実際に次世代製品の未来シナリオの"構成要素（コンテンツ）"として使えるアイデアを選択する。そして、選択したアイデアも含めて、"次世代製品の未来シナリオにつながるコンテンツ"をマルチスクリーン法（第5章参照）を活用して詳細に描く（図表6-10参照）。

図表6-10　Phase 3：未来シナリオ基本構想

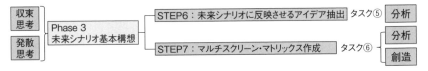

（1）　STEP 6：未来シナリオに反映させるアイデア抽出（タスク⑤）

STEP 6の目的は、STEP 4～5で創造されたアイデアの中から、未来シナリオに反映させることが可能なアイデアを抽出することである。この時点ではまだ、アイデアはラフで構わない。ただし、マクロ的レベルで判断して、近未来の社会トレンドに矛盾するか否かという視点が重要である（**図表**

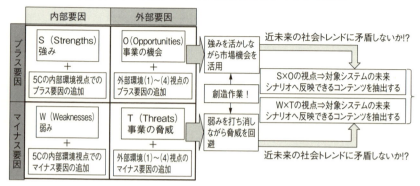

図表6-11　未来シナリオに反映させるアイデアの抽出

6-11 参照）。

　例えば、少子高齢化やIT社会（クラウド環境）の進展などは、どのような製品テーマであっても、直接・間接的に影響を与える社会トレンドといえるだろう。したがって、逆にいえば、近未来の社会トレンドに大きく矛盾しない限りは、この段階では広く抽出しても構わないということである。

（2）　STEP 7：マルチスクリーンマトリックス作成（タスク⑥）

　STEP 7の目的は、STEP 6で未来シナリオの"構成要素（コンテンツ）"として抽出したアイデアを、マルチスクリーンマトリックスの未来領域上に転記することである（図表6-12参照）。

　ここで留意しなければならないのは、抽出したアイデアを、単純にシステムレベル（対象製品）の未来領域にそのままの形で転記するのではなく、マルチスクリーンマトリックスの「サブシステム＝製品の構成要素」や「上位システム（狭義）＝対象製品に隣接する他のシステム」の内容も確認したうえで、アイデアの内容として最適なレベルに設定することである。さらに、他のスクリーン上の内容とバランスがとれるように抽出したアイデアは、マトリックス上での論理性と内容の濃淡にも留意して、アイデアの内容自体の

図表6-12　抽出アイデアのマルチスクリーンマトリックス上への転記

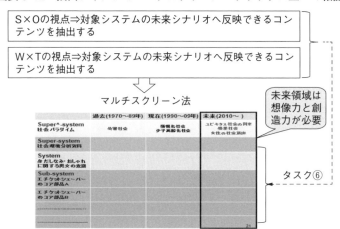

洗練化作業も忘れてはならない。

6 │ Phase 4：次世代製品未来シナリオへの洗練化

　Phase 3で作成した次世代製品未来シナリオに大きな抜けがないかどうかを確認し、抜けがあった場合は、それを補う作業を行う。具体的には、「価値相関図」と「未来予測の4観点分析」の結果を、対象システム（対象製品）の未来シナリオ（案）と比較して、シナリオ上の重要な抜けがあると判断したら、それらの内容を未来シナリオ上の適切なレベルに追加して、未来シナリオの洗練化作業を行う。そして、洗練化したシナリオのコンテンツに対して、一覧性をもって容易に理解できるように、「シナリオの図解化作業」も行う（図表6-13参照）。

　なお、価値相関図と未来予測の4観点分析、およびシナリオの図解化作業については、詳細を後述する。

図表 6-13　Phase 4：次世代製品未来シナリオへの洗練化

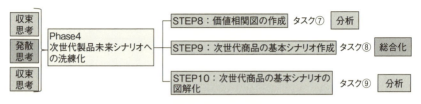

（1）　STEP 8：価値相関図の作成（タスク⑦）

STEP 8 の目的は、未来予測の 4 観点に従って、価値相関図を作成することである。

①　価値相関図

STEP 8 で活用する「価値相関図」は（**図表 6-14 参照**）、近年、ゲーム理論の分野で紹介された価値相関図モデル[31]が原点である。そこでは、ビジネス環境を自社中心に競合相手や供給者分析だけで把握するのではなく、自社製品の価値を高めてくれる補完的生産者にまで視野を広げる必要性が説か

図表 6-14　価値相関図と未来予測の 4 観点

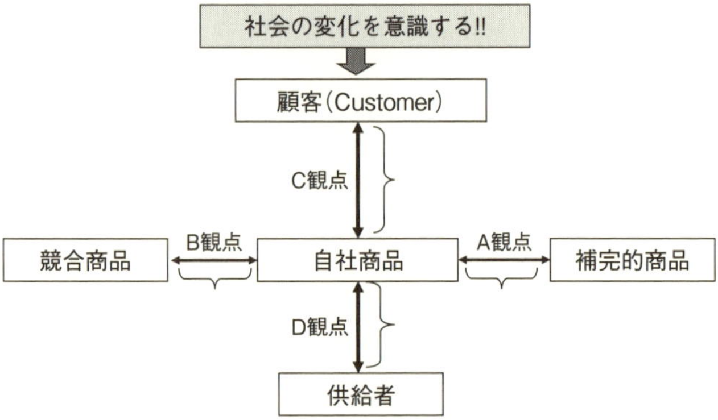

---

31) A. ブランデンバーガー・B. ネイルバフ（嶋津祐一・東田啓作訳）（2003）『ゲーム理論で勝つ経営』日経ビジネス文庫、pp.130-190

れている。筆者は、この価値相関図を対象製品の未来シナリオ作成に活用することを考えて、オリジナル版では「企業」「競合相手」「補完的生産者」とされているものを、「自社商品」「競合商品」「補完的商品」というように、商品レベルに表現を変更した。また、顧客のポジションについては、背後にある社会環境変化を意識するように留意している。

なお、これ以降、市場(外部)を意識した状況では"商品"、それ以外は"製品"という表現を用いる。

② 未来予測の4観点

未来予測の4観点とは、補完的商品、競合商品、顧客、供給者の4つの観点のことで、シナリオ作成に役立つコンテンツを引き出すうえで有効な観点である(図表6-15参照)。

筆者が提案する価値相関図は、あくまでも記述した内容を次世代製品の未来シナリオに反映させて洗練化させることが目的なので、未来予測の4観点を価値相関図と対で準備している点が、本手法の最大の特徴である。

図表6-15 未来予測の4観点

A観点 (補完的商品)	補完的商品の存在を意識し、将来も補完者たりうるか、あるいは近未来には別の補完的商品があらわれそうか意識する
B観点 (競合商品)	競合他社との差別化戦略を意識する:"ブルーオーシャン戦略(競合がまだ存在しない新市場の創造をめざした新商品開発など)"など
C観点 (顧 客)	マーケティング活動ではあるが、顧客の上位概念として、社会の変化傾向(メガトレンド!?)を把握してから顧客への影響を考える
D観点 (供給者)	自社商品に強力な影響を与えそうな"強い・魅力的なサプライヤー"を探索、発見し育成することで、未来に向けて強力な"要素技術特化型商品(フィ-チャートランスファー型商品)"の芽を予測する。この動きを見失うと、競合他社の強力な武器に早変わりする恐れあり

（2） STEP 9：次世代商品の基本シナリオ作成（タスク⑧）
——次世代商品（製品）の未来シナリオ作成シートの活用

　STEP 9の目的は、マルチスクリーンマトリックス上の未来領域の内容に、STEP 8で作成した価値相関図の内容を反映させて、次世代商品の基本シナリオを作成することである。その際、次世代商品（製品）の未来シナリオ作成シートを下記のように活用する。

　マルチスクリーンマトリックス（図表6-12参照）の未来セルに記述された各々の内容を、①上位システム（広義）⇒②上位システム（狭義）⇒③対象システム⇒④サブシステム（各構成ユニット）の4段階の流れで、各々の内容の整合性（論理的なつながり）がとれるように未来シナリオ作成シートに記述していく（図表6-16参照）。それぞれの段階で記述した内容が、次

図表6-16　次世代商品の未来シナリオ作成シート

（202X年の未来予測シナリオ）

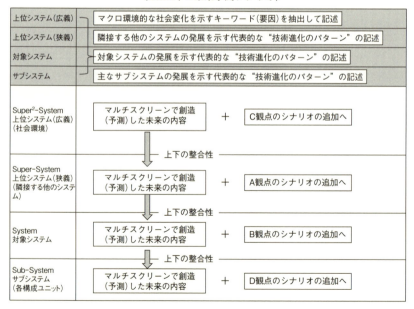

第 6 章　イノベーション創造型 VE/TRIZ

世代製品未来シナリオ案になる。

　また、STEP 8 で作成した価値相関図の内容は、未来予測の 4 観点から記述されているが、それらの内容が次世代製品未来シナリオ案に反映されていない場合は、シナリオの 4 段階と未来予測の 4 観点の関係を理解したうえで、反映されていない内容の追加を適切なレベルに追加し、最終的に「次世代商品（製品）の未来シナリオ」として完成させる。

（3）　STEP 10：次世代商品の基本シナリオの図解化（タスク⑨）
　　　　──未来シナリオの図解化手法

　STEP 10 の目的は、STEP 9 で作成した次世代商品の基本シナリオに対して、各段階のシナリオ内容がお互いに論理的につながっていることを、ビジュアル的に理解できるように図解化することである。

　次世代商品の内容を表現した未来シナリオは、原則的にはすべて文章で構成されているので、熟読しない限りシナリオ内容を体系的かつ包括的に理解することは難しい。したがって、「New 0 Look VE（ニュー製品企画 VE）のアウトプット」として社内の発表会でプレゼンテーションを行う場合は、未来シナリオを体系的に図解化すると効果的である。

　具体的には、各段階のキーワードを抽出し、それらを、①上位システム（広義）⇒②上位システム（狭義）⇒③対象システム⇒④サブシステム（各構成ユニット）の 4 段階の流れに従い、矢印等で各段階のキーワードの関連がわかるように図解化することがポイントである。

　参考のために、図解化の一例を図表 6-17 に示す。この事例は、次世代 ISP（インターネット・サービス・プロバイダー）サービスの商品化についての未来シナリオを、日本の IT 系大企業の中堅管理職が、基本的に本章で紹介したアプローチに従って図解化したものである。2009 年時点で、概ね 5～10 年先の 201X 年の次世代 ISP の未来シナリオを図解化している。

　この未来シナリオが描かれた 2009 年は、iPhone 3G がリリースされた翌

図表6-17　未来シナリオ図解化例（201Xに次世代ISPサービスを開始）

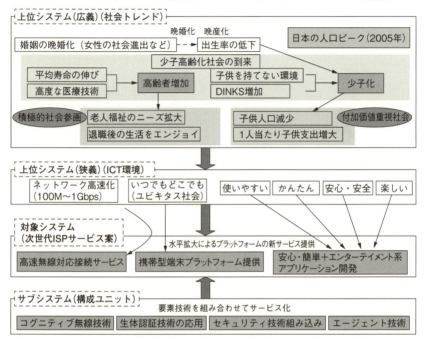

年であり、iPhone 3GSが販売された年でもある。その後のスマートフォンの攻勢を見れば明らかなように、シナリオよりも速いスピードで進展したものもあるようだが、概ねこのシナリオの内容が正しいことがわかる。

7 ケース事例　〜鼻毛シェーバー〜

　次世代製品の未来シナリオ立案のジョブプラン（図表6-2参照）の具体的な展開イメージを共有化するために、鼻毛シェーバーという実際の製品を例にして、各Phaseの主なアウトプット結果を紹介してみよう。この事例の製造会社は、S社という国内の架空の中小メーカーである。

第6章 イノベーション創造型 VE/TRIZ

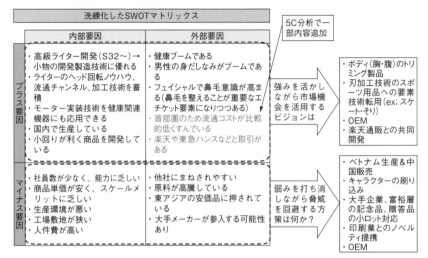

図表6-18 鼻毛シェーバーの未来ビジョンのアイデア例

（1） Phase 1 & 2：外部＆自社（内部）環境分析と未来ビジョンの基本設計の具体例

　製造会社S社の外部＆自社（内部）環境分析の結果を下記に示す。ここでは、前述したように「SWOT分析＋5C分析」を活用している。

（2） Phase 3：未来シナリオ基本構想
　　　　　　　──マルチスクリーン法による体系化の具体例

　未来ビジョンに基づいた、鼻毛シェーバーに関する「過去─現在の分析」結果に基づいて、未来シナリオの基本構想をマルチスクリーン法で体系的に整理する（図表6-19参照）。

（3） Phase 4：次世代製品未来シナリオへの洗練化

　マルチスクリーン法で整理した未来の内容をベースに、「次世代商品の未来シナリオ作成シート」を活用して（図表6-16参照）、未来シナリオの洗練

147

図表6-19 鼻毛シェーバーのマルチスクリーン事例

	過去（1990年代まで）	現在（2000年代）	未来（201X～2020年代）
Super²-System 社会変遷	・人口75年11,189万人 ・寿命男73.5女78.9（79年） ・青壮年が十分 ・情報化社会からITバブル ・出稼ぎ外国人の出始め	・人口05年12,776万人 ・寿命女86歳男79.2歳（08年実測） ・健康女77.2歳男72.0歳（02年実測） （健康寿命ものびている） ・少子高齢化が進展 ・社会インフラの心配（年金） ・サービス業に外国人労働者増加 ・コンプライアンスの徹底	・人口15年12,644万人 （2100年6,440万人） ・2015年女87歳男80歳 ●健康寿命の伸長 ●超少子高齢社会 ●医療技術の進歩 ●個人の主張とガバナンス化
Super-System 隣接するシステムの変遷（おしゃれ男女意識）	男性化粧品の出現 男性エステの出現 体毛忌避意識の出現 日焼けサロンの出現 マンダムブーム（70年代）、バルカン、エロイカ、ブラバス、ヘアートニック（80年代）、ムース、ジェル	草食系男子の出現 「男性の女性化」 男が弁当を作るようになった 高齢男子専用弁当教室 ・スポーツジムで健康と体型を整える時代 ・男性中心の育児増加 ・嗜好品にお金をかけなくなった（無駄遣いしない） ・ヘアワックス ・男性向けエステ ・ネイルの手入れ	・男子専用弁当教室市民権獲得 ・女性の自立、離婚の増加 ・専業主夫と専業主婦の混在化 ・肉食系男子育成プログラム？ ・肉食検定（身だしなみも含む）
System（エチケットシェーバーなど男性美容機器）	・鼻毛を手で抜く（汚い） ・ピンセット、はさみ、床屋で切ってもらう ・髭剃り（2～3枚刃）	・眉毛の形を整える（細め） ・髭剃り（3～5枚刃）	・エチケットシェーバーの需要はますます増える ・ペン型エチケットシェーバー（需要が増えると外観を気にする人が増える）
Sub-System（コア部品）	・高級ライター部品 ・BtoBでOEM供給	・BtoCへ変更、生活関連消費財 ・エチケットシェーバー ・携帯マッサージ器 ・モーター ・刃	・上刃と下刃の構造をより飛散しないものにする ・音漏れを防ぎつつ、ガイド穴は存在する構造（矛盾解消）

化を試みる。洗練化した未来シナリオを**図表6-20**に示す。

　洗練化の作業では、価値相関図の未来予測の4観点（図表6-15参照）を活用してシナリオの洗練化を行うと、洗練化作業の効率化が期待できる。

　また、本事例自体の未来シナリオの図解化は省略するが、発表会でプレゼンテーションを行う場合などは、図解化シナリオも準備したほうがよい。

　ここで作成した次世代鼻毛シェーバーの未来シナリオはその後、「1st look VE」のインプット情報になる。したがって、未来シナリオのSystemやSub-systemに記述された内容は、各々企画要求機能として定義し、それを「目的-手段」の論理で「企画要求機能系統図」に整理して通常の設計VE活

図表 6-20　次世代鼻毛シェーバーの未来シナリオ例

Super^2-System (社会環境)	● 人口は 2015 年 12,644 万人と想定される（2100 年はこのままでは 6,440 万人に急激に減少となる） ● 2015 年には平均寿命は女 87 歳、男 80 歳と想定されている ● 寿命の伸びにあわせて、健康寿命の伸長も重要な課題になっている（健康高齢者は医療費削減に貢献するので） ● 超少子高齢社会になり、高齢者の生きがいや仕事がますます重要テーマになる（一方で、若者との共生社会も課題になっている可能性が大） ● 医療技術が進歩し、3 大疾患（がん、脳疾患、心臓病）の治癒率もアップする ● 社会では QOL（生活の質）の向上がより重視される一方で、企業等のガバナンス化がより進む
Super-System (男女の身だしなみに関する傾向)	● 男子専用弁当教室の市民権獲得の可能性大：高齢男子（団塊世代）は、自分のことは自分でやる時代へ ● 女性の自立、高齢者離婚も増加か？ ● 専業主夫と専業主婦の混在化も進む可能性もあり ● 肉食系男子育成プログラム？（一方で男らしさの復活ありえる?!） ● 肉食検定（身だしなみも含む）
System (鼻毛シェーバー)	● 働く女性用の鼻毛シェーバーも必要に！⇒カラフルなデザイン、わき毛剃りとの兼用はありえるか?! ● こぎれいさを追求する高齢ビジネスマン用も登場する可能性あり（特に 30 代ビジネスマンの場合の未来の VOC は？） ● 持ち運びやすいように小型化 ● 鼻毛シェーバーを常時携帯し、独立した機能の保持を保つ〜他商品と機能合体
Sub-System (構成システム)	● 上刃と下刃の構造をより飛散しないものにする ● 鼻以外に耳のうぶ毛剃りにも兼用するケースも考えられるので、音漏れを防ぎつつ、耳ガイド用穴等が存在する構造（矛盾解消）にする ● アロマテラピー（癒しの香り） ● 鼻毛が落ちない構造へ ● 鼻毛がへばりつかない構造へ

動に進んでいくことになる。

　なお、今回紹介した「イノベーション創造型 VE/TRIZ ＝次世代製品の未来シナリオ立案のジョブプラン」は、その後、QFD 活動に進んで、潜在的

なVOC（顧客の声）の把握から品質展開表に整理していくことも可能であり、このようなQFD活動も、本質的には1st look VE活動と同じであると解釈できる。ただし、設計VEのほうは、「Design to Cost（許容原価以内に設計する活動）」といった原価的側面にも注力している点が、QFDとは違った大きな特徴になっている。

　さらに、未来シナリオの検討を製品の進化にフォーカスして、より緻密に行う場合は、第5章で紹介したTRIZの技術進化のパターンも活用するとよい。これらの技術進化のパターンは、SystemやSub-systemに記述された過去から現在の変化を技術的視点から再整理し、さらに近未来の内容を合理的に創造するうえで有効である。

第3部 システマテック・イノベーションの具体的な展開方法

第7章

合理的な原価低減型VE/TRIZ
～ New 2nd Look VE(ニュー製品改善VE)の展開 ～

1 合理的な原価低減型 VE/TRIZ の特徴

（１） Kaizen 戦略の核

日本のような先進国における企業活動では、フロントランナー戦略の推進が最重要であり、革新的な製品を生み出すラディカル型イノベーションの推進が成長戦略の要であることは間違いない。しかし、その一方で、既存製品や生産設備等の改善活動も日々の確実な利益確保の手段として依然重要度は高く、とりわけ熾烈なコスト競争下にさらされる既存市場では、効果的な原価低減活動に直結する改善設計アプローチは常に求められるテーマである。

そこで本章では、デザイン思考を原価低減活動に反映させた「合理的な原価低減型 VE/TRIZ」の具体的な展開アプローチを提案をしたい。これは、Kaizen 戦略の核ともいえる活動であり、今後の日本のモノづくり産業では、前章で言及したフロントランナー戦略とともに、その時の市場環境の状態に

図表7-1　グラスルーツ型イノベーションとラディカル型イノベーションの両立

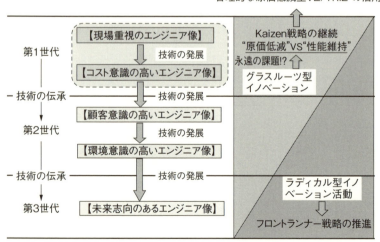

合わせて、この2つの戦略を両立させる企業姿勢が求められる。

なお、Kaizen戦略では、継続的な現場の改善活動が大きな推進力となり、最終的には市場に対して大きなインパクトを与える側面も強いので、「合理的な原価低減型VE/TRIZ」のことをグラスルーツ型イノベーションと呼称する場合もある。

（2） 従来の手法を超える原価低減の実現

従来の2nd Look VE（製品改善VE）では、機能本位のアイデア発想で、基本的にブレーンストーミング（BS）法を活用するだけであるが、本章で展開するアプローチでは、BS法に併用する形で、第5章で紹介したTRIZ手法のイフェクツ（Effects）を活用することを奨励している。しかしながら、本アプローチの最大の特徴は、むしろ具体化段階にある。具体化段階で原価低減の副作用（性能劣化）に出会う可能性を考慮して、原価低減と性能維持（改善）の両立をめざして、第5章で紹介したTRIZ応用手法の「原価低減用簡易版矛盾マトリックスを積極的に活用する点が、従来のVE活動にはないユニークな点である。この活動によって、従来のVE以上の原価低減の実現をめざすことになる。

2 ｜ New 2nd Look VE（ニュー製品改善VE）のジョブプラン

基本的には、通常の2nd Look VE（製品改善VE）と基本ステップならびに詳細ステップの構成は変わらないが、従来以上にVEPとデザイン思考（図表3-17参照）を意識したジョブプランになっている（**図表7-2**参照）。また、New 2nd Look VEの特徴は主に「STEP 9：具体化・調査」に集約されるので、本章では特に具体化段階にフォーカスして内容を紹介していく。

なお、代替案作成段階では、特に発散思考から収束思考へスムーズに進んでいくことが重要である。しかし、従来のVE活動では、「STEP 9：具体化・

図表 7-2　New 2nd Look VE（ニュー製品改善 VE）のジョブプラン（手順）

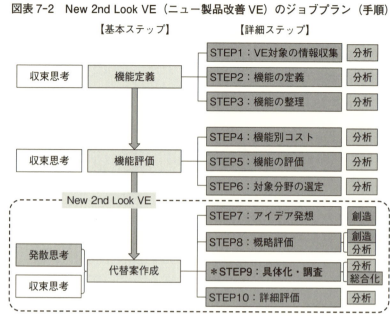

調査」に入ると、代替案に関わる欠点克服案自体の検討が調査活動の分析的判断だけに頼るケースが多くなり、ややもすれば急速に収束思考に陥る傾向がある。具体的にいえば、調査活動を通して、最初から外部の専門家（外注先や協力企業）へ依頼するケースが多く、欠点対策案を自分たちで、再度創造的活動（発散思考）で検討しようとする機運が急速に萎んでしまう傾向が強いということである。

　ここで留意しなければならないのは、具体化段階では、具体化のサイクルがあり、「各機能別アイデアによる組合せ案の検討」や「各組合せ案に関する欠点克服案の検討」等の思考作業があるわけであるから、デザイン思考でいう総合化思考力（シンセシス能力）が求められるし、欠点克服案の検討段階では、収束思考のウエートが高まる中ではあっても、創造的思考力も欠かせない。これらはやはり発散的思考であり、いきなり分析的判断だけによる

第7章 合理的な原価低減型 VE/TRIZ

図表7-3 代替案作成の各詳細ステップの作業内容とTRIZ手法の適用場面

図表7-4 代替案作成の思考プロセスと具体化のサイクル

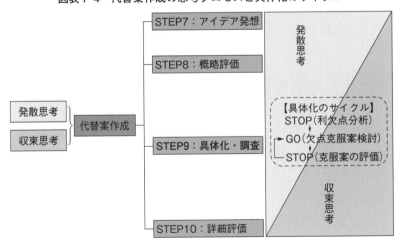

155

収束思考に陥ってはいけないのである。

したがって、この段階でTRIZ手法は極端な収束思考を回避するのにも有効であり、本アプローチのケースでは、改善活動のメインテーマである原価低減活動に有効な「原価低減用簡易版矛盾マトリックス」を用いることになる。

なお、代替案作成の各詳細ステップの作業内容と、TRIZ手法の活用場面を体系的に整理すると図表7-3のようになり、さらに、代替案作成段階の思考プロセスにフォーカスして概念図に示すと、図表7-4のようになる。

3 | 原価低減用簡易版矛盾マトリックスを活用した具体化段階

TRIZの矛盾マトリックスは、図表7-3に示すように、具体化のサイクルの中の欠点克服案を検討する段階で使うことになるわけだが、この段階で欠点克服案を二律背反の観点から検討することが、本アプローチの最大の特徴である。そこで、この段階の活動場面を、より具体的な改善設計フロー図に整理すると、図表7-5のようになる。

なお、次節では、図表7-5の破線で囲まれた部分の改善設計フローによって、当初のVE案（通常の製品改善VEの具体化・調査のステップを通して導かれたVE案）よりも優位な原価低減案を創出できた事例を紹介する。基本的には、VE活動で用いる機能系統図を再利用して技術矛盾を定義し、原価低減用簡略版矛盾マトリックス：機能パラメータ編（以降、RCM1（CR）と呼称）の活用によって、ユニークな原価低減案に結びついた事例である。

第 7 章 合理的な原価低減型 VE/TRIZ

図表 7-5 二律背反視点を絡めた改善設計フロー

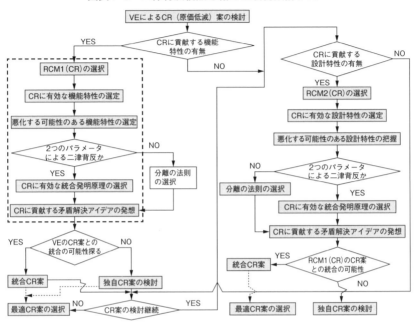

4 | ケース事例
～某装置治具の改善案～

【テーマ：加工材料のコーティング処理に使う治具の原価低減案の検討】

現行方法に対する VE による原価低減案をビジュアル的に整理すると、図表 7-6 の下部に示すとおりである。

この VE 案では、「uf_1：加工材料の設置空間を確保する」と「uf_2：上部ガイド棒を支える」の 2 つの機能から BS 法で発想した 2 つのアイデアを具体化した案になっている。1 つは、機能 uf_1 に関わる案として、「同じ材料の肉厚を薄くしても強度を保てる側板形状への工夫」であり、もう 1 つは、機能 uf_2 に関わる案として、「穴部をスリット構造にした工夫」である。この結果

図表 7-6　某装置治具の現行方法と VE 案

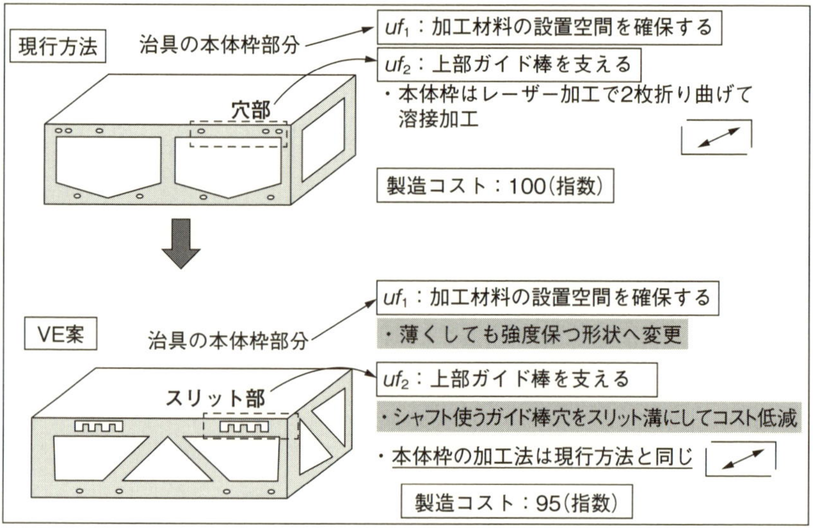

現行方法　治具の本体枠部分
- uf_1：加工材料の設置空間を確保する
- uf_2：上部ガイド棒を支える
- 本体枠はレーザー加工で2枚折り曲げて溶接加工
- 製造コスト：100（指数）

穴部

VE案　治具の本体枠部分
- uf_1：加工材料の設置空間を確保する
- 薄くしても強度保つ形状へ変更
- uf_2：上部ガイド棒を支える
- シャフト使うガイド棒穴をスリット溝にしてコスト低減
- 本体枠の加工法は現行方法と同じ
- 製造コスト：95（指数）

スリット部

から、この VE 案自体の原価低減効果はそれほど大きくないことがわかる。残念ながら、通常は、これまでも原価低減努力を継続してきた背景があるので、この VE 案で満足するケースが多いのが実情である。

しかし、本ケースでは、筆者が開発した矛盾マトリックス RCM1（CR）の活用によって、VE 案よりもさらに優位な改善案（原価低減案）を導く試みをしている。このような TRIZ 案を検討する思考方向は、「矛盾解決アイデア検討のための論理の転換テクニック」を用いることで、論理的にさらなる原価低減アイデア検討の方向性を機能系統図上で明示できるようにした点が、大きな特徴になっている。

（1）　STEP 1：対象製品の機能系統図の把握

機能系統図は、VE 活動の中ですでに作成されているので、これを活用する。図表 7-7 に示した機能系統図は、現在の装置治具（現行方法）の機能系統

図表7-7 現在の装置治具の機能系統図

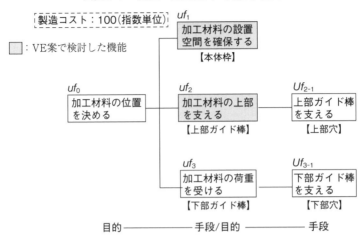

図である。

(2) STEP 2：原価低減余地の高い機能の確認

STEP 2では、図表7-6に示したVE案を創出した後も、まだ原価低減余地があると思える機能を機能系統図上で確認する。確認後、TRIZ案を検討する思考方向として、**図表7-8**に示すように、矛盾解決の発想部分を機能系統図上で限定化することで、論理的に明示化することを可能にしている。この矛盾解決アイデア検討のための論理の転換テクニックに従って、図表7-7に示した本ケースの機能系統図を整理したものが、**図表7-9**である。

(3) STEP 3：二律背反問題への変換

図表7-9で示したTRIZ案の検討範囲を、矛盾マトリックスRCM1（CR）のパラメータへ変換するために、**図表7-10**に示したワークシート（WS）を用いる。このWSは、TRIZ案の検討範囲を矛盾マトリックスへ思考変換する作業を"見える化"して、チームメンバー間での思考の共有化を図る目

図表7-8　矛盾解決アイデア検討のための論理の転換テクニック（一般図）

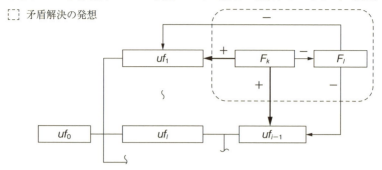

技術矛盾解決の方向性
1) (F_k) の実現によって (uf_1) にプラスの影響を与え、(F_l) の回避によって、(uf_1) にマイナスの影響を与えない方法を考えなさい。⇒矛盾マトリックスの活用へ
2) (F_k) の実現によって (uf_{i-1}) にプラスの影響を与え、(F_l) の回避によって、(uf_{i-1}) にマイナスの影響を与えない方法を考えなさい。⇒矛盾マトリックスの活用へ

物理矛盾解決の方向性
3) (uf_1) にプラスの影響を与えるためには、(F_k) は実現する必要があるが、(F_l) にマイナスの影響を与えないためには (F_k) は実現する必要はない。⇒空間・時間・全体と部分・状況による分離の法則の活用へ

図表7-9　装置治具の機能系統図に基づいた矛盾解決アイデア検討の視点

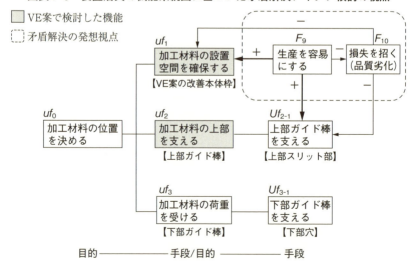

図表7-10　RCM1(CR)による矛盾解決アイデア発想のためのワークシート(WS)

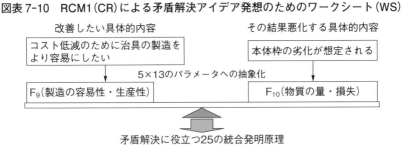

的で、筆者が開発したものである。

具体的には、原価低減余地が高いと思われる機能に対して、RCM1(CR)の良化する機能系パラメータ（図表5-30のF9～13を参照）の中から、相対的貢献度が最も高そうな機能系パラメータを1つ選定するとともに、その結果、相対的に最も悪化すると思われる機能系パラメータも1つ選定する作業を行って、WS上で解決すべき矛盾を明確に定義する。

(4) STEP 4：RCM1（CR）によるアイデア発想

STEP 3の結果から、RCM1（CR）上で「良化する機能系パラメータ（行側）×悪化する機能系パラメータ（列側）」が決定するので、その結果抽出されたマトリックスのセル上の統合発明原理（図表5-32参照）を活用して、矛盾解決のアイデア発想を行う。このアイデア発想の一連の活動も図表7-10に示すように、WSを活用して"見える化"している。

図表7-10に整理された技術矛盾解決のアイデアをTRIZ案としてビジュアル的に整理すると、**図表7-11**のようになる。

この結果から、2つの検討アイデアから構成されるVE案（図表7-6のuf_1とuf_2）に比較して、5つの検討アイデアから構成されるTRIZ案（図表7-11の発明原理1, 4, 15, 24, 25）のほうが、原価低減に有効な検討案が多く出たことがわかる。しかも、5案ともに、「原価低減に関わる技術矛盾＝F9：製造の容易性・生産性 vs F10：物質の量・損失」の解決に有効な統合発明原理を活用した検討案なので、原価低減率も従来のVE案に比較して相対的に高いことがわかる。

なお、本事例の中では活用しなかったRCM2（CR）に関してだが（図表5-31参照）、こちらのほうは、機能系パラメータの検討が済んだ後での検討視点になるため、原価低減の観点は幾何学的要因（質量、長さ、面積、体積、形状）にほぼ限定される。このようなことが可能なケースは、形状に関する制約等が大きく緩和・変更された場合等が考えられる。したがって、形状に

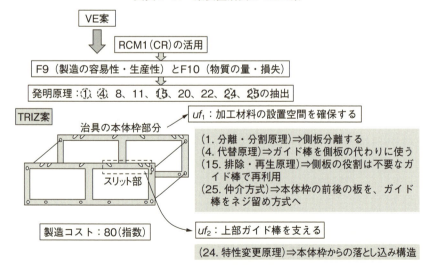

図表7-11　某装置治具のTRIZ案

関する制約変更が絡んだ場合に活用するとよい。

なお、活用の仕方は、RCM1（CR）と本質的にはまったく同じである。

【付録】 オリジナル版技術矛盾マトリックス

改善する特性 \ 劣化（対立）する特性	1 動く物体の重量	2 不動物体の重量	3 動く物体の長さ	4 不動物体の長さ	5 動く物体の面積	6 不動物体の面積	7 動く物体の体積	8 不動物体の体積	9 速度	10 力	11 張力・圧力	12 形状	13 物体の安定性	14 強度	15 動く物体の耐久性	16 不動物体の耐久性	17 温度
1 動く物体の重量			15,8,29,34		29,17,38,34		29,2,40,28		2,8,15,38	8,10,18,37	10,36,37,40	10,14,35,40	1,35,19,39	28,27,18,40	5,34,31,35		6,29,4,38
2 不動物体の重量				10,1,29,35		35,30,13,2		5,35,14,2		8,10,19,35	13,29,10,18	13,10,29,14	26,39,1,40	28,2,10,27		2,27,19,6	28,19,32,22
3 動く物体の長さ	8,15,29,34				15,17,4		7,17,4,35		13,4,8	17,10,4	1,8,35	1,8,10,29	1,8,15,34	8,35,29,34	19		10,15,19
4 不動物体の長さ		35,28,40,29				17,7,10,40		35,8,2,14		28,10	1,14,35	13,14,15,7	39,37,35	15,14,28,26		1,40,35	3,35,38,18
5 動く物体の面積	2,17,29,4		14,15,18,4				7,14,17,4		29,30,4,34	19,30,35,2	10,15,36,28	5,34,29,4	11,2,13,39	3,15,40,14	6,3		2,15,16
6 不動物体の面積		30,2,14,18		26,7,9,39						1,18,35,36	10,15,36,37		2,38	40		2,10,19,30	35,39,38
7 動く物体の体積	2,26,29,40		1,7,35,4		1,7,4,17				29,4,38,34	15,35,36,37	6,35,36,37	1,15,29,4	28,10,1,39	9,14,15,7	6,35,4		34,39,10,18
8 不動物体の体積		35,10,19,14	19,14	35,8,2,14						2,18,37	24,35	7,2,35	34,28,35,40	9,14,17,15		35,34,38	35,6,4
9 速度	2,28,13,38		13,14,8		29,30,34		7,29,34			13,28,15,19	6,18,38,40	35,15,18,34	28,33,1,18	8,3,26,14	3,19,35,5		28,30,36,2
10 力	8,1,37,18	18,13,1,28	17,19,9,36	28,10	19,10,15	1,18,36,37	15,9,12,37	2,36,18,37	13,28,15,12		18,21,11	10,35,40,34	35,10,21	35,10,14,27	19,2		35,10,21
11 張力・圧力	10,36,37,40	13,29,10,18	35,10,36	35,1,14,16	10,15,36,28	10,15,36,37	6,35,10	35,24	6,35,36	36,35,21		35,4,15,10	35,33,2,40	9,18,3,40	19,3,27		35,39,19,2
12 形状	8,10,29,40	15,10,26,3	29,34,5,4	13,14,10,7	5,34,4,10		14,4,15,22	7,2,35	35,15,34,18	35,10,37,40	34,15,10,14		33,1,18,4	30,14,10,40	14,26,9,25		22,14,19,32
13 物体の安定性	21,35,2,39	26,39,1,40	13,15,1,28	37	2,11,13	39	28,10,19,39	34,28,35,40	33,15,28,18	10,35,21,16	2,35,40	22,1,18,4		17,9,15	13,27,10,35	39,3,35,23	35,1,32
14 強度	1,8,40,15	40,26,27,1	1,15,8,35	15,14,28,26	3,34,40,29	9,40,28	10,15,14,7	9,14,17,15	8,13,26,14	10,18,3,14	10,3,18,40	10,30,35,40	13,17,35		27,3,26		30,10,40
15 動く物体の耐久性	19,5,34,31		2,19,9		3,17,19		10,2,19,30		3,35,5	19,2,16	19,3,27	14,26,28,25	13,3,35	27,3,10			19,35,39
16 不動物体の耐久性		6,27,19,16		1,40,35		35,34,38		35,34,38				39,3,35,23					19,18,36,40
17 温度	36,22,6,38	22,35,2,24	15,19,9	15,19,9	3,35,39,18	35,38	34,39,40,18	35,6,4	2,28,36,30	35,10,3,21	35,39,19,2	14,22,19,32	1,35,32	10,30,22,40	19,13,39	19,18,36,40	
18 輝度	19,1,32	2,35,32	19,32,16		19,2,13		2,13,10		10,13,19	26,19,6		32,30	32,3,27	35,19	2,19,6		32,35,19
19 動く物体が使うエネルギー	12,18,28,31		12,28		15,19,25		35,13,18		8,15,35	16,26,21,2	23,14,25	12,2,29	19,13,17,24	5,19,9,35	28,35,6,18		19,24,3,14
20 不動物体が使うエネルギー		19,9,6,27								36,37			27,4,29,18	35			
21 動力	8,36,38,31	19,26,17,27	1,10,35,37		19,38	17,32,13,38	35,6,38	30,6,25	15,35,2	26,2,36,35	22,10,35	29,14,2,40	35,32,15,31	26,10,28	19,35,10,38	16	2,14,17,25
22 エネルギーの損失	15,6,19,28	19,6,18,9	7,2,6,13	6,38,7	15,26,17,30	17,7,30,18	7,18,23	7	16,35,38	36,38		14,2,39,6	26		14,2,39,6		35,18,7
23 物質の損失	35,6,23,40	35,6,22,32	14,29,10,39	10,28,24	35,2,10,31	10,18,39,31	1,29,30,36	3,39,18,31	10,13,28,38	14,15,18,40	3,36,37,10	29,35,3,5	2,14,30,40	35,28,31,40	28,27,3,18	27,16,18,38	21,36,39,31
24 情報の損失	10,24,35	10,35,5	1,26	26	30,26	30,16		2,22	26,32						10	10	
25 時間の損失	10,20,37,35	10,20,26,5	15,2,29	30,24,14,5	26,4,5,16	10,35,17,4	2,5,34,10	35,16,32,18		10,37,36,5	37,36,4	4,10,34,17	35,3,22,5	29,3,28,18	20,10,28,18	28,20,10,16	35,29,21,18
26 物質の量	35,6,18,31	27,26,18,35	29,14,35,18		15,14,29	2,18,40,4	15,20,29		35,29,34,28	35,14,3	10,36,14,3	35,14	15,2,17,40	14,35,34,10	3,35,10,40	3,35,31	3,17,39
27 信頼性	3,8,10,40	3,10,8,28	15,9,14,4	15,29,28,11	17,10,14,16	32,35,40,4	3,10,14,24	2,35,24	21,35,11,28	8,28,10,3	10,24,35,19	35,1,16,11		11,28	2,35,3,25	34,27,6,40	3,35,10
28 測定精度	32,35,26,28	28,35,25,26	28,26,5,16	32,28,3,16	26,28,32,3	26,28,32,3	32,13,6		28,13,32,24	32,2	6,28,32	6,28,32	32,35,13	28,6,32	28,6,32	10,26,24	6,19,28,24
29 製造精度	28,32,13,18	28,35,27,9	10,28,29,37	2,32,10	28,33,29,32	2,29,18,36	32,28,2	25,10,35	10,28,32	28,19,34,36	3,35	32,30,40	30,18	3,27	3,27,40		19,26
30 物体に働く有害要因	22,21,27,39	2,22,13,24	17,1,39,4	1,18	22,1,33,28	27,2,39,35	22,23,37,35	34,39,19,27	21,22,35,28	13,35,39,18	22,2,37	22,1,3,35	35,24,30,18	18,35,37,1	22,15,33,28	17,1,40,33	22,33,35,2
31 悪い副作用	19,22,15,39	35,22,1,39	17,15,16,22		17,2,18,39	22,1,40	17,2,40	30,18,35,4	35,28,3,23	35,28,1,40	2,33,27,18	35,1	35,40,27,39	15,35,22,2	15,22,33,31	21,39,16,22	22,35,2,24
32 作りやすさ	28,29,15,16	1,27,36,13	1,29,13,17	15,17,27	13,1,26,12	16,40	13,29,1,40	35	35,13,8,1	35,12	35,19,1,37	1,28,13,27	11,13,1	1,3,10,32	27,1,4	35,16	27,26,18
33 操作の容易さ	25,2,13,15	6,13,1,25	1,17,13,12		1,17,13,16	1,16,35,15	18,16,15,39	4,18,39,31	18,13,34	28,13,35	2,32,12	15,34,29,28	32,35,30	32,40,3,28	29,3,8,25	1,16,25	26,27,13
34 保守の容易さ	2,27,35,11	2,27,35,11	1,28,10,25	3,18,31	15,13,32	16,25	25,2,35,11	1	34,9	1,11,10	13	1,13,2,4	2,35	11,1,2,9	11,29,28,27	1	4,10
35 順応性	1,6,15,8	19,15,29,16	35,1,29,2	1,35,16	35,30,29,7	15,16	15,35,29		35,10,14	15,17,20	35,16	15,37,1,8	35,30,14	35,3,32,6	13,1,35	2,16	27,2,3,35
36 装置の複雑さ	26,30,34,36	2,26,35,39	1,19,26,24	26	14,1,13,16	6,36	34,26,6	1,16	34,10,28	26,16	19,1,35	29,13,28,15	2,22,17,19	2,13,28	10,4,28,15		2,17,13
37 制御の複雑さ	27,26,28,13	6,13,28,1	16,17,26,24	26	2,13,18,17	2,39,30,16	29,1,4,16	2,18,26,31	3,4,16,35	30,28,40,19	35,36,37,32	27,13,1,39	11,22,39,30	27,3,15,28	19,29,39,25	25,34,6,35	3,27,35,16
38 自動化のレベル	28,26,18,35	28,26,35,10	14,13,17,28	23	17,14,13		35,13,16		28,10	2,35	13,35	15,32,1,13	18,1	25,13,6	6,9		26,2,19
39 生産性	35,26,24,37	28,27,15,3	18,4,28,38	30,7,14,26	10,26,34,31	10,35,17,7	2,6,34,10	35,37,10,2		28,15,10,36	10,37,14	14,10,34,40	35,3,22,39	29,28,10,18	35,10,2,18	20,10,16,38	35,21,28,10

【付録】 オリジナル版技術矛盾マトリックス

参 考 文 献

順番は、各章ごと、著者のアルファベット（日本語はローマ字）順

第1章
- 藤本隆宏・武石影・青島矢一編（2001）『ビジネス・アーキテクチャ』有斐閣
- 藤本隆宏（2012）『ものづくりからの復活』日本経済新聞社
- 藤本隆宏（2013）『現場主義の競争戦略』新潮新書
- 半導体産業研究所（2009）「半導体産業が日本の社会・経済・環境に与えるインパクトの社会科学分析（最終報告書）」
- 原田雅顕・岩井義弘・澤口学・松尾尚（2008）『MOTの新展開』産業能率大学出版部
- 亀岡秋男・近藤修司（2004）「テクノプロジューサー育成を目指すMOT教育」、『経営システム』Vol.14 No.1、日本経営工学会、pp.27-32
- 片山又一郎（1999）『マーケティングの基礎知識』PHP研究所
- 国立教育政策研究所（2013）「OECD国際成人力調査　調査結果の概要」
- 村松司叙（1991）『現代経営学総論』中央経済社
- 西堀栄三郎（1990）『創造力』講談社
- 丹羽清（2004）「技術経営による企業革新」、『経営システム』Vol.14 No.1、日本経営工学会 pp33-37
- 産業競争力懇談会（2014）「国際競争力強化を目指す次世代半導体戦略」産業競争力懇談会 COCN
- （学）産業能率大学（1980）『産能大学のあゆみ～主観的三十年史』産能大学出版部
- Sawaguchi, M（2007）Innovation Activities Based On S-curve Analysis and Patterns of Technical Evolution—"From the standpoint of engineers, what is Innovation", Proceedings of the triz-future conference in Frankfurt, Germany, European TRIZ Association, pp.103-109
- 澤口学（2009）「日本企業が抱えるモノづくりに関する課題と今後のMOT教育のあり方—モノづくりに関する調査を通して—」、『技術と経営』512（日本MOT学会査読論文 2009-5）、日本MOT学会、pp.48-57
- 妹尾堅一郎（2009）『技術力で勝る日本がなぜ事業で負けるのか』ダイヤモンド社
- テーラーF. W. 著、上野陽一訳編（1983）『科学的管理法』産業能率大学出版部
- 田村照一（1984）『新おはなし品質管理』日本規格協会
- 土屋裕（1982）『VE～コストダウンをはかる改善技術』日本HR協会
- 土屋裕編著（1988）『新VEの基本』産能大学出版部
- バリューイノベーション研究プロジェクト編著（2007）『バリューイノベーション』産業能率大学出版部
- 米山高範（1979）『改訂版品質管理のはなし』日科技連出版社
- 八巻直哉（1993）『IE（インダストリアル・エンジニアリング）とは何か—生産性と人

間性の融合』マネジメント社

第2章
- 青木　昌彦・安藤　晴彦（2002）『モジュール化―新しい産業アーキテクチャの本質』東洋経済新報社
- BCG（2013）The Most Innovative Companies 2013 LESSONS FROM LEADERS
- Christensen, C.（1997）*The Innovator's Dilemma*, Harvard Business School Press［玉田俊平太監修、伊豆原弓訳（2000）『イノベーションのジレンマ』翔泳社］
- Christensen, C. and M. Raynor（2003）*The Innovator's Solution*, Harvard Business School Press［玉田俊平太監修、櫻井祐子訳（2003）『イノベーションの解』翔泳社］
- Christensen, C. Dyer. J. and Gregersen, H.（2011）*The Innovator's DNA*, Harvard Business School Press［桜井祐子訳（2012）『イノベーションへのDNA』翔泳社］
- 出川通（2011）『実践図解パーフェクトMOT』秀和システム
- 黒川清（2008）『イノベーション思考法』PHP新書
- 藤本隆宏・武石影・青島矢一編（2001）『ビジネス・アーキテクチャ』有斐閣
- 藤本隆宏（2012）『ものづくりからの復活』日本経済新聞社
- 藤本隆宏（2013）『現場主義の競争戦略』新潮新書
- 原田雅顕・岩井義弘・澤口学・松尾尚（2008）『MOTの新展開』産業能率大学出版部
- Kim, W. and R. Mauborgne（2005）*Blue Ocean Strategy: How to Create Uncontested Market Space and Make the Competition Irrelevant*, Harvard Business School Press［有賀裕子訳（2005）『ブルー・オーシャン戦略』ランダムハウス講談社］
- 延岡健太郎（2006）『MOT［技術経営］入門』日本経済新聞社
- 妹尾堅一郎（2009）『技術力で勝る日本がなぜ事業で負けるのか』ダイヤモンド社
- Sawaguchi, M（2007）Innovation Activities Based On S-curve Analysis and Patterns of Technical Evolution—"From the standpoint of engineers, what is Innovation", Proceedings of the triz-future conference in Frankfurt, Germany, European TRIZ Association, pp.103-109
- Sawaguchi, M（2009）A Study of Decision-Making to Evaluate "Index of Ideality", Proceedings of the triz-future conference in Timisoara, Romania, European TRIZ Association, pp.138-144
- Sawaguchi, M（2010）A Study of Systematic Innovation based on an Analysis of "Big Hits", Proceedings of the triz-future conference in Bergamo, Italy, European TRIZ Association, pp.143-151
- バリューイノベーション研究プロジェクト編著（2007）『バリューイノベーション』産業能率大学出版部

第3章
- Brown, T（2009）*CHANGE BY DESIGN：How Design Thinking Transforms Organization and Inspires Innovation*, Harper Collins［千葉敏生訳（2010）『デザイン思考が世界を変える』ハヤカワ新書］

- 岸本行雄（1987）『設計の方法：創造的設計アプローチ』日科技連出版社
- LAWRENCE, M（1978）*Techniques of Value Analysis and Engineering*：*Second Edition*, McGraw-Hill［玉井正寿監訳（1981）『VA/VE システムと技法』日刊工業新聞社］
- 水野滋・赤尾洋二（1978）『品質機能展開―全社的品質管理へのアプローチ』日科技連出版社
- Ryan, N（1988）*Taguchi Methods and QFD*, ASI Press
- Suh, P（1990）*The Principles of Design*, OXFORD UNIVERSITY PRESS
- Suh, P（2001）*AXIOMATIC DESIGN ― ADVANCES AND APPLICATION*, Oxford University Press［中尾政之・飯野謙次・畑村洋太郎共訳（2004）『公理的設計―複雑なシステムの単純化設計』森北出版株式会社］
- 澤口学（1996）『VE による製品開発活動 20 のステップ』同友館
- 澤口学（2002）『VE と TRIZ：革新的なテクノロジーマネジメント手法入門』同友館
- 澤口学・東日本旅客鉄道（株）建設工事部（2005）『建設プロジェクトのコストマネジメント』同友館
- 土屋裕（1982）『VE～コストダウンをはかる改善技術』日本 HR 協会
- 土屋裕他（1985）『おはなし VE（バリユー・エンジニアリング）』日本規格協会
- 土屋裕編著（1988）『新 VE の基本』産能大学出版部

第 4 章
- アルトシュラー・ゲンリック・遠藤敬一・高田孝夫翻訳（1997）『入門編：原理と概念に見る全体像』日経 BP 社
- Ideation International Inc.（1999）*Tools of Classical TRIZ*, IDEATION［（学）産業能率大学 TRIZ 企画室監訳・解説（2000）『クラシカル TRIZ の技法』日経 BP 社］
- 長田洋編著・澤口学・福嶋洋次郎・三原祐治著（2011）『革新的課題解決法』日科技連出版社
- Kaplan, S（1996）*An Introduction to TRIZ The Russian Theory of Inventive Problem Solving*, IDEATION
- 澤口学（2002）『VE と TRIZ：革新的なテクノロジーマネジメント手法入門』同友館
- Terninko, J., A. Zusman and B. Zlotin（1996）*STEP BY STEP TRIZ: Creating Innovative Solution Concepts*, Responsible Management Inc.
- Transaction of the Ideation Research Group（1999）*TRIZ in Progress*, IDEATION

第 5 章
- 半導体産業研究所（2009）「半導体産業が日本の社会・経済・環境に与えるインパクトの社会科学分析（最終報告書）」
- 原田雅顕・岩井義弘・澤口学・松尾尚（2008）『MOT の新展開』産業能率大学出版部
- Ideation International Inc.（1999）*Tools of Classical TRIZ*, IDEATION［（学）産業能率大学 TRIZ 企画室監訳・解説（2000）『クラシカル TRIZ の技法』日経 BP 社］
- Izumi, H., H. Koike and M. Sawaguchi（2011）Proposal for an effective cost reduction

method based on TRIZ, Proceedings of the triz-future conference in Dublin, Ireland, European TRIZ Association, pp.289-298
- 泉丙完・澤口学（2012）「TRIZ による実用的な原価管理削減手法」,『日本システム学会誌』 Vol.29.2、日本経営システム学会、pp.95-104
- Kaplan, S（1996）*An Introduction to TRIZ The Russian Theory of Inventive Problem Solving*, IDEATION
- Mann, D., S. Dewulf, B. Zlotin and A. Zusman（2003）*Matrix 2003: updating the TRIZ Contradiction Matrix*, CREAX Press［中川徹訳（2005）『新版矛盾マトリックス（Matrix2003）』（株）創造開発イニシアチブ］
- Mann, D（2004）*HANDS ON SYSTEMATIC INNOVATION for Business&Management*, IFR Press
- 長田洋編著・澤口学・福嶋洋次郎・三原祐治著（2011）『革新的課題解決法』日科技連出版社
- (学) 産業能率大学テクノロジー・マーケティング研究プロジェクト編著（2004）『テクノロジー・マーケティング』産業能率大学出版部
- 澤口学（2002）『VE と TRIZ：革新的なテクノロジーマネジメント手法入門』同友館
- 澤口学（2013）「TRIZ とは―その考え方と主な技法・ツール」,『標準化と品質管理』Vol.66 No.2、日本規格協会、pp.7-15、
- 澤口学（2013）「二律背反視点に着目した改善設計アプローチの提案」,『第 50 回日本経営システム学会全国研究発表大会講演論文集』日本経営システム学会、pp.186-189
- Sawaguchi, M（2010）A Study of Systematic Innovation based on an Analysis of "Big Hits", Proceedings of the triz-future conference in Bergamo, Italy, European TRIZ Association, pp.143-151
- Sawaguchi, M., Y. Mihara and H. Izumi（2011）A study of Effective Manufacturing Activities based on a Number of Redesigned Contradiction Matrices,, Proceedings of the triz-future conference in Dublin, Ireland, European TRIZ Association, pp.335-354

第 6 章
- A. ブランデンバーガー・B. ネイルバフ（嶋津祐一・東田啓作訳）（2003）『ゲーム理論で勝つ経営』日経ビジネス文庫、pp.130-190
- Brown, T（2009）*CHANGE BY DESIGN: How Design Thinking Transforms Organization and Inspires Innovation*, Harper Collins［千葉敏生訳（2010）『デザイン思考が世界を変える』ハヤカワ新書］
- 原田雅顕・岩井義弘・澤口学・松尾尚（2008）『MOT の新展開』産業能率大学出版部
- Mann, D（2004）*HANDS ON SYSTEMATIC INNOVATION for Business&Management*, IFR Press
- 澤口学（2011）「イノベーション創造型 VE の研究（2）～次世代製品未来シナリオ立案のジョブプラン～」,『バリュー・エンジニアリング』No.263、（社）日本 VE 協会、pp.39-45
- 澤口学（2011）「イノベーション創造型 VE の研究（3）～潜在的な矛盾解決をめざす開

発設計 VE のすすめ～」、『バリュー・エンジニアリング』No.265、(社) 日本 VE 協会、pp.35-41
- 澤口学 (2002)『VE と TRIZ:革新的なテクノロジーマネジメント手法入門』同友館
- 澤口学 (2013)「TRIZ とは―その考え方と主な技法・ツール」、『標準化と品質管理』Vol.66 No.2、日本規格協会、pp.7-15
- 澤口学 (2013)「二律背反視点に着目した改善設計アプローチの提案」、『第 50 回日本経営システム学会全国研究発表大会講演論文集』日本経営システム学会、pp.186-189
- Sawaguchi, M (2010) A Study of Systematic Innovation based on an Analysis of "Big Hits", Proceedings of the triz-future conference in Bergamo, Italy, European TRIZ Association, pp.143-151
- Sawaguchi, M (2003) The Prediction Of Inventive New Technical System Through The Patterns Of Technical Evolution, The 5th Annual AI TRIZ Conference Proceedings in Philadelphia, USA, AI (Altshuller Institute) for TRIZ studies, pp.22-1-22-15
- Sawaguchi, M (2004) THE POSSIBILITY OF EFFECTIVE NEW PRODUCT PLANNING ACTIVITIES BY UTILIZING THE PATTERNS OF TECHNOLOGICAL SYSTEM EVOLUTION, Proceedings of the triz-future conference in Florence, Italy, European TRIZ Association Association, pp.275-287
- (学) 産業能率大学テクノロジー・マーケティング研究プロジェクト編著 (2004)『テクノロジー・マーケティング』産業能率大学出版部
- 田中雅康 (1995)『原価企画の理論と実践』中央経済社

第 7 章
- Brown, T (2009) *CHANGE BY DESIGN: How Design Thinking Transforms Organization and Inspires Innovation*, Harper Collins [千葉敏生訳 (2010)『デザイン思考が世界を変える』ハヤカワ新書]
- 泉丙完・澤口学著 (2012)「TRIZ による実用的な原価管理削減手法」、『日本システム学会誌』Vol.29.2、日本経営システム学会、pp.95-104
- 澤口学 (2011)「イノベーション創造型 VE の研究 (3) ～潜在的な矛盾解決をめざす開発設計 VE のすすめ～」、『バリュー・エンジニアリング』No.265 (社) 日本 VE 協会、pp.35-41
- 澤口学 (2013)「二律背反視点に着目した改善設計アプローチの提案」、『第 50 回日本経営システム学会全国研究発表大会講演論文集』日本経営システム学会、pp.186-189

著者略歴

澤口　学（さわぐち　まなぶ）

早稲田大学創造理工学研究科経営デザイン専攻教授、NPO法人日本TRIZ協会副理事長
博士（工学）、CVS（Certified Value Specialist）（米国SAVE認定国際資格）、J-MCMC（㈳全日本能率連盟認定マスター・マネジメント・コンサルタント）
1982年3月　慶応義塾大学工学部数理工学科卒業
2005年3月　早稲田大学理工学研究科後期博士課程修了
2004年～2009年　産業能率大学総合研究所教授
2009年～2010年　同大学経営学部教授
2010年より現職
＜主な著書＞
『VEによる製品開発活動20のステップ』同友館、1996年
『VEとTRIZ』同友館、2002年
『逆転発想による創造的リスクマネジメント』同友館、2007年
『MOTの新展開』（共著）、産業能率大学出版部、2008年
『革新的課題解決法』（共著）、日科技連出版社、2011年
『ものづくりに役立つ経営工学の辞典』（共著）、朝倉書店、2014年

2015年3月31日　第1刷発行

〔最新〕日本式モノづくり工学入門
〜イノベーション創造型VE/TRIZ〜

Ⓒ著　者　澤口　　学
発行者　脇坂　康弘

発行所　株式会社　同友館

東京都文京区本郷3-38-1
郵便番号　113-0033
電話　03(3813)3966
FAX　03(3818)2774
http://www.doyukan.co.jp/

落丁・乱丁本はお取替え致します。　　美研プリンティング／松村製本所
ISBN 978-4-496-05120-3　　　　　　　　Printed in Japan

本書の内容を無断で複写・複製（コピー），引用することは，特定の場合を除き，著作者・出版者の権利侵害となります。また，代行業者等の第三者に依頼してスキャンやデジタル化することは，いかなる場合も認められておりません。